Sprossaufbau

Blüten

Blütenkrone

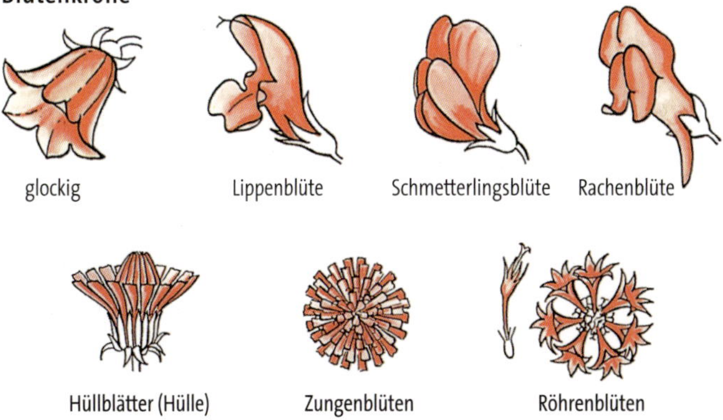

Blütenstände

Essbare Wildkräuter & ihre giftigen Doppelgänger

WILDKRÄUTER SAMMELN, ABER RICHTIG

DR. EVA-MARIA DREYER

KOSMOS

Essbare und giftige Wildkräuter auf einen Blick

Essbare Wildkräuter

Frühling

Frühsommer

Sommer

Herbst

Ungenießbare/giftige Wildkräuter

Frühling

Frühsommer

Sommer

Herbst

Wildkräuter begleiten uns täglich

Mit Wildkräuteraromen im Frühstückstee beginnen wir oft den Tag. Mittags genießen wir Thymian und Wilden Majoran als „Herbes de Provence“ in der mediterranen Küche. Und abends trinken wir vielleicht ein Glas Früchtewein oder Kräuterlikör. Wildkräuter in der Küche selbst zu nutzen, war lange in Vergessenheit geraten. Nun endlich werden sie wieder neu entdeckt, als Aromaspender und Gewürz, als kulinarischer Genuss oder als Heilpflanze: Löwenzahn, Bärlauch, Gundermann, Vogelmiere, Gänseblümchen und viele andere. Doch so ganz einfach ist die Sache mit den Wildkräutern nicht. Es gibt in der Natur auch Doppelgänger, die nicht immer harmlos sind und erkannt werden müssen. Dieses Buch bietet die Möglichkeit, 90 überall häufige essbare Wildpflanzen sicher zu bestimmen und von ähnlichen giftigen oder ungenießbaren Arten zu unterscheiden.

Der Aufbau des Buchs

Um alle Möglichkeiten der Wildkräuterküche auszunutzen, ist das Buch nach Jahreszeiten gegliedert. Es beginnt mit dem Frühling und den Monaten März und April, führt über den Frühsommer mit Mai und Juni, den Sommer mit Juli und August bis hin zum Herbst, der die Monate September und Oktober umfasst. Innerhalb einer Jahreszeit werden zunächst die Wildkräuter, danach die Bäume und Sträucher aufgeführt. Diese sind nach ihren Blütenfarben Weiß, Gelb, Rot, Blau/Violett und Grün/Braun/unscheinbar gegliedert. Im vorderen Teil des Buchs finden sich die essbaren Pflanzen, ab Seite 106 die ungenießbaren und giftigen Doppelgänger.

Die Artenporträts

Die Artenporträts sind immer nach dem gleichen Schema aufgebaut. Nach deutschem Namen, wissenschaftlichem Namen und Pflanzenfamilie folgen Angaben zu Wuchshöhe, Blütezeit und Wuchsform. Unter dem Begriff „Merkmale“ sind wichtige Bestimmungskriterien von Wurzel, Stängel, Blättern, Blüten und Früchten genannt. Im Anschluss daran finden sich Angaben zum Fundort. Schließlich folgen Hinweise zu Ernte und Verwertung bzw. zu Inhaltsstoffen und Giftigkeit. In einem farbig unterlegten Kasten wird auf Verwechslungsmöglichkeiten hingewiesen. Die hier verwendeten Symbole sind sehr klar. Das durchgestrichene Besteck verweist auf einen ungenießbaren Doppelgänger, der Totenkopf auf eine giftige Verwechslungsart. Sie erkennen also Seite für Seite in diesem Buch, ob eine Pflanze essbar, ungenießbar oder giftig ist.

Wildpflanzen sicher bestimmen

Zum zuverlässigen Bestimmen einer Pflanze braucht man eindeutige Merkmale. Zusammen mit dem Bild, das ein erstes Erkennen ermöglicht, bringen Ausgestaltung und Anordnung von Blättern, Farbe und Form von Blüten und Früchten, charakteristische Wuchsform und manchmal auch der Geruch, den eine Pflanze ausströmt, die nötige Klarheit. Und letztendlich kann auch der Fundort einer Pflanze ein eindeutiges Bestimmungsmerkmal sein, denn jede Art ist an einen ganz speziellen Lebensraum angepasst.

Zwei Bestimmungsbeispiele

Wie geht man nun am besten vor, wenn man eine Pflanze bestimmen möchte? Der Weg ist immer derselbe, egal ob es sich um eine Pflanze mit oder ohne Doppelgänger handelt.

Pflanzen ohne giftige oder ungenießbare Doppelgänger
Anfang Juni finden Sie am Bachufer zahlreiche hohe Pflanzen mit weißen Blütenständen, die schon von Weitem sehr aromatisch duften. Nun stellt sich die Frage, welche Pflanze das ist und ob sie sich in der Wild-

kräuterküche verwenden lässt. Sie suchen in diesem Fall also im Bestimmungsschlüssel auf Seite 4/5 („Essbare und giftige Wildkräuter auf einen Blick") nach den weiß blühenden Kräutern des Frühsommers. Dort werden Sie auf die Seiten 40–48 zu den essbaren Arten bzw. auf die Seiten 118–120 zu den nicht essbaren Arten verwiesen. Nach kurzem Blättern finden Sie bereits auf Seite 41 unverwechselbar das Echte Mädesüß *(Filipendula ulmaria)*. Sie überprüfen nun die Merkmale und den Fundort. Um hundertprozentig sicherzugehen, sehen Sie unten auf der Seite nach, ob diese Pflanze ungenießbare oder giftige Doppelgänger hat. Sie erfahren, dass dies nicht der Fall ist. Die einzige Verwechslungsmöglichkeit besteht mit dem nahe verwandten Kleinen Mädesüß *(Filipendula vulgaris)*, hat keine Folgen und ist hier auszuschließen, da dieses nur auf trockenen Hängen blüht. Nun können Sie mit den nach Mandeln duftenden Blütenständen bedenkenlos Ihre Milch aromatisieren.

Pflanzen mit giftigen oder ungenießbaren Doppelgängern

Es ist September. Sie planen, Holunderbeeren einzukochen. Am Waldrand hängt der Schwarze Holunder voller Beerentrauben. Einige sind schon schwarz und reif, andere

Das Echte Mädesüß hat keine bedenklichen Doppelgänger.

noch etwas rötlich. Diesmal suchen Sie im Bestimmungsschlüssel in den Rubriken „Herbst" nach Bäumen und Sträuchern mit essbaren Früchten. Sie werden auf die Seiten 93–105 verwiesen, erkennen auf Seite 100 den Schwarzen Holunder und können ihn sicher bestimmen.
Doch wenige Schritte weiter auf der Waldlichtung steht ein Strauch mit holunderähnlichen Blättern, aber scharlachroten Fruchttrauben. Ist das eine essbare Variante? Um sich abzusichern, haben Sie folgende Möglichkeit: Sie sehen beim Schwarzen Holunder nach, ob es ungenießbare oder giftige Doppelgänger gibt. Dort werden Sie auf die Seiten 136, 141 und 143 verwiesen und erkennen schnell den schwach giftigen Trauben-Holunder auf Seite 141, dessen Früchte man nicht pflücken sollte.

Die wichtigsten Inhaltsstoffe

Wildkräuter und Wildfrüchte enthalten eine Vielzahl von Substanzen und Wirkstoffen. Manche, wie die Vitamine, stärken unser Wohlbefinden und sind sogar lebensnotwendig. Andere wiederum, wie manche Glycoside, sind hingegen gefährlich giftig.

Daher folgt hier eine alphabetische Aufzählung der wichtigsten Inhaltsstoffe der Wildkräuter und Wildfrüchte, die bei den Artenporträts immer wieder erwähnt werden.

Ätherische Öle sind die Duftstoffe der Pflanzen und in Blättern, Blüten, Samen und Wurzeln enthalten. Die Wildkräuterküche nutzt sie als Aromastoffe oder Gewürze. Bekannte Beispiele sind die ätherischen Öle aus Rosen, Salbei, Minze oder Kamille.

Alkaloide sind stickstoffhaltige Verbindungen, vor allem aus Nachtschatten- und Doldengewächsen bekannt. Sie gehören zu den stärksten Giften im Pflanzenreich. Schon wenige Milligramm können tödlich wirken. Richtig dosiert sind sie jedoch auch wichtige Arzneimittel und in starken Schmerz- oder Beruhigungsmitteln enthalten.

Bitterstoffe stellen keine einheitliche chemische Gruppe dar. Sie schmecken, wie sie heißen und wirken appetitanregend und verdauungsfördernd. In hoher Konzentration sind sie in Hopfen und Schafgarbe enthalten, in kleinen Mengen auch in den Blüten des Gänseblümchens.

Cumarin ist der Duftstoff des Waldmeisters, aber auch sonst im Pflanzenreich weit verbreitet. Viele Gräser und Schmetterlingsblütler enthalten Cumarin. So verwundert es nicht, dass dieser Pflanzenstoff auch für den typischen Heugeruch beim Trocknen von Gras verantwortlich ist.

Gerbstoffe finden sich vor allem in Rinde und Wurzeln, manchmal auch in Blättern und Früchten. Sie sind für ihre antibakterielle Wirkung bekannt. Jedem geläufige Gerbstoffe sind die Tannine in Weintrauben, die die Lagerfähigkeit des Weins erhöhen.

In den Blättern und Blüten des Echten Steinklees findet sich Cumarin.

Alle Teile des Roten Fingerhuts enthalten herzwirksame Glykoside.

Die Natur hat im Verlauf des Sammeljahrs einen reichen Schatz zu bieten.

Glykoside sind eine umfangreiche Gruppe von Naturstoffen und in vielen Pflanzen enthalten. Einige gehören zu den starken Giften, z. B. die herzwirksamen Glykoside des Roten Fingerhuts. Andere, wie die Senfölglykoside im Schwarzen Senf oder in der Knoblauchsrauke, können unbeschadet gegessen werden.

Saponine sind Verbindungen, die mit Wasser einen seifenartigen Schaum bilden. Sie werden heute intensiv erforscht, da man sich von ihnen Hilfe bei der Stärkung des Immunsystems, gegen Darmkrebs und bei der Cholesterinsenkung verspricht. Saponine sind aber nicht ganz ungefährlich, da sie die Zellmembran der roten Blutkörperchen zerstören und daher nicht durch eine Injektion in die Blutbahn gelangen dürfen.

Sulfide sind schwefelhaltige Verbindungen, die vor allem in Bärlauch, Zwiebeln und Knoblauch vorkommen. Ihnen werden Krebsschutzwirkungen zugesprochen.

Vitamine gehören zu den wichtigsten Bestandteilen der Nahrung. Da sie der menschliche Körper nicht selber bilden kann, müssen Vitamine täglich zugeführt werden. Allgemein bekannt ist das Vitamin C, das die Abwehrkräfte stärkt. In hohen Konzentrationen ist es in Hagebutten und Sanddornbeeren enthalten. Weniger bekannt, aber für die Blutgerinnung unentbehrlich, ist Vitamin K, das beispielsweise in Brennnesseln vorkommt.

Durch das Sammeljahr

Das Ernten und Sammeln von Wildpflanzen beginnt meist im zeitigen Frühjahr und endet im Spätherbst. Nur in milden Klimalagen stehen auch im Winter frische Wildkräuter zur Verfügung, so z. B. die Vogelmiere oder das Hirtentäschel. Mit dem Lauf der Jahreszeiten bieten sich Wildkräuterköchen jeweils andere Sammelschwerpunkte. So ist der Frühling die Zeit der Blätter. Nun wird nach Bärlauch, Knoblauchsrauke, Scharbockskraut oder Brunnenkresse gesucht, deren Blätter Salate und Gemüsegerichte erst so richtig würzig machen. Im Frühsommer ist hingegen das Angebot an Blüten riesengroß. In der Hecke versprechen

Weißdornblütentee ist gut fürs Herz.

Wildrosen, Holunder und Weißdorn reiche Blütenernte, auf den Wiesen Salbei und Margeriten. Hollerküchle, Salbeipfannkuchen und Rosenblütenpudding sind die bekanntesten Gerichte dieser Jahreszeit, Weißdornblütentee ein bewährtes Getränk. Der Hochsommer ist dann die Zeit der Gewürzpflanzen und der ersten Wildfrüchte. Über Wegrändern und trockenem Grasland breiten Feld-Thymian und Wilder Majoran ihren angenehm würzigen Duft aus und in den Wäldern bieten Preiselbeeren und Wald-Erdbeeren wunderbare Geschmackserlebnisse. Ihre beste Zeit haben Wildfrüchte jedoch erst im Herbst. Dann ist das Angebot in Wäldern, Hecken und Gebüschen schier unerschöpflich. Neben einem reichhaltigen Früchtemarkt bietet der Herbst aber noch einmal die Gelegenheit zu schmackhaften Gemüsemahlzeiten, denn nun ist auch Wurzelzeit.

Himbeeren schmecken gut als Marmelade oder auch als Likör.

Sammeln ohne Risiko

Wer neue, ungetrübte Genüsse in der Wildkräuterküche erleben will, sollte beim Sammeln und Ernten einen Grundsatz befolgen: Es werden nur Kräuter und Früchte mitgenommen, die man eindeutig und sicher bestimmen kann. Schon beim kleinsten Zweifel verzichtet man hingegen auf das Sammeln. Denn nur so sind Verwechslungen mit giftigen Arten, deren Verzehr unangenehme, manchmal sogar lebensbedrohliche Folgen haben kann, auszuschließen. Dies gilt besonders für das Sammeln im zeitigen Frühjahr, wenn viele Pflanzen noch im Jugendstadium sind. Voll entwickelte, blühende Pflanzen zu bestimmen gelingt auch dem Ungeübten meist ohne Probleme. Anders ist das bei Rosettenblättern, Sprossen oder Wurzeln junger Pflanzen. Hier sollte man schon eine gewisse Erfahrung und Artenkenntnis mitbringen. Unter diesem Gesichtspunkt ist es manchmal sinnvoll, einen Pflanzenstandort erst eine Vegetationsperiode lang zu beobachten und seine Arten kennenzulernen, um im darauffolgenden Jahr ohne kulinarische Enttäuschungen oder gar Gesundheitsgefährdungen sammeln und kochen zu können.

Nur wer eine Echte Kamille von ihren Doppelgängern unterscheiden kann, kommt in den Genuss ihrer wertvollen Inhaltsstoffe.

Ein wichtiger Grundsatz: Meiden Sie bei Ihrer Suche nach Wildpflanzen überdüngte Wiesen und die Ränder gespritzter Felder oder viel befahrener Straßen. Und meiden Sie auch Naturschutzgebiete. Dort ist das Sammeln von Wildpflanzen verboten. Helfen Sie der Natur: Sammeln Sie stets nur so viel Kräuter und Früchte, wie Sie verbrauchen. Und ernten Sie nie ganze Bestände ab. Nur wenn genügend Pflanzen stehen bleiben, die den Fortbestand der Art sichern, kann man Jahr für Jahr zu seinem Fundort zurückkehren und nachhaltig sammeln.

Dieses Buch will helfen, essbare Wildpflanzen kennenzulernen und Verwechslungen mit giftigen oder ungenießbaren Doppelgängern vorzubeugen. Es wurde mit langjährigem biologischem Wissen sehr gründlich erarbeitet – für die Freude an den wiederentdeckten Genüssen aus der Natur.

Dr. Eva Maria Dreyer

Porträts zu 92 essbaren Wildpflanzen

Vogelmiere

Stellaria media **Nelkengewächse**

H 5–40 cm Jan.–Dez. einjährig

Merkmale Stängel dünn, rund, wächst niederliegend oder aufrecht und trägt auf ganzer Länge einen klar abgesetzten Streifen weißer Härchen. Blätter gegenständig, breit eiförmig, zugespitzt. Im unteren Stängelbereich sind die Blätter deutlich gestielt, die oberen sitzen dem Stängel an. Sternförmige weiße Blüten. Die 5 Blütenblätter sind jeweils bis zum Ansatz eingeschnitten und in 2 Teilblättchen unterteilt, sodass der Eindruck entsteht, die Blüte bestünde aus 10 Blütenblättern.

Fundort Man findet die Pflanze als dichten grünen Rasen auf Feldern und Schuttplätzen, in Gärten und an Wegrändern, an Ufern und selbst an lichten Stellen in Wäldern. Sie besiedelt feuchte, schattige Standorte mit nährstoffreichen Böden. Sie kommt in ganz Europa häufig vor und gedeiht bis in Höhenlagen von 1800 m.

Ernte und Verwertung Die Vogelmiere ist eine der wenigen Pflanzen, die das ganze Jahr blühen und selbst im Winter zur Verfügung stehen. Man sammelt Stängel, Blätter und Blüten und verarbeitet sie zu Gemüsegerichten, Salaten und Brotaufstrichen. Da die Pflanze sehr mild schmeckt, eignet sie sich als Beigabe zu kräftigeren Gemüsen.

> Giftige Doppelgänger

Unerfahrene Kräutersammler könnten die Vogelmiere mit dem **Acker-Gauchheil S. 113** verwechseln. Doch dieser hat einen kantigen Stängel und blüht ziegelrot oder blau. Auch fehlt ihm der Streifen weißer Härchen.

Das ungenießbare **Acker-Hornkraut S. 128** hat weiße, nur wenig eingeschnittene Blütenblätter.

Gewöhnlicher Giersch

Aegopodium podagraria **Doldenblütler**

H 30–100 cm Mai–Juli mehrjährig

Merkmale Stängel kräftig, hohl und kantig gefurcht. Charakteristisch für die Pflanze sind 3-teilige, länglich eiförmige Blätter, Teilblätter mit gezähntem Blattrand und 3-kantigem, markigem Blattstiel. Große, halbkugelförmige Blütendolden aus 10–20 gleich langen Strahlen und vielen kleinen weißen oder rosafarbenen Blüten. Früchte länglich eiförmig, etwa 3 mm lang und 2 mm breit, kümmelähnlich.

Fundort Giersch wächst in ganz Europa an feuchten, schattigen Stellen, an Wald- und Wegrändern, Ufern, Zäunen und Hecken. Er bildet lange, unterirdische Ausläufer und tritt deshalb an seinen Standorten meist in großen Gruppen auf.

Ernte und Verwertung Gesammelt werden vor allem die jungen, noch kaum entfalteten Blätter vor der Blüte. In den Monaten März bis Mai schmecken sie mild und feinwürzig und eignen sich hervorragend als Salatbeigabe, für Brotaufstriche und Kräutersoßen. Die älteren, voll entwickelten Blätter sind etwas hart. Sie sollten gekocht und ohne die Blattstiele verwendet werden. Früher waren Gierschblätter der Hauptbestandteil einer Frühlingskräutersuppe, die am Gründonnerstag gerne gegessen wurde.

> Giftige Doppelgänger

Vorsicht vor Verwechslung mit dem **Hecken-Kälberkropf S. 119**. Doch hat diese Pflanze einen rot gefleckten, borstig behaarten Stängel, 2-fach gefiederte Blätter und Teilblättchen mit gekerbtem Rand (Foto).

Ähnlich im Aussehen sind auch **Gefleckter Schierling S. 118** und **Hundspetersilie S. 119**.

Brunnenkresse

Nasturtium officinale **Kreuzblütler**

H 30–90 cm Apr.–Aug. mehrjährig

Merkmale Wasserpflanze mit hohlen Stängeln. Blätter wechselständig, glänzend dunkelgrün, gefiedert. Die 5–7 einzelnen Fiederblättchen sind breit herzförmig, das Endblättchen ist größer als die übrigen. Blütentraube aus weißen Blüten. Jede Blüte mit 4 kreuzförmig angeordneten Blütenblättern und gelben Staubgefäßen.

Fundort Braucht kühle, klare, saubere Gewässer. Wächst in Quellen, Bächen und Gräben, auch auf nassen Wiesen.

Ernte und Verwertung Kenner schätzen den scharf-würzigen Geschmack der Brunnenkresse und ihren hohen Gehalt an den Vitaminen A, C und D. Die beste Sammelzeit sind die Monate April bis September.

Im Frühling geerntete Blätter und Stängel werden vor allem roh in Salaten gegessen, später gesammelte eignen sich zum Würzen von Suppen, Soßen und Kräuterbutter und schmecken in Kombination mit Löwenzahn oder Schlangen-Wiesenknöterich als Wildgemüse. Brunnenkresse wird gerne für Frühjahrskuren genutzt, denn sie stärkt den ganzen Organismus. Doch sollte man die Pflanze nicht ungekocht in größeren Mengen zu sich nehmen, da die enthaltenen Senföle den Magen reizen können.

> Giftige Doppelgänger

Vorsicht ist angebracht vor den manchmal in unmittelbarer Nachbarschaft vorkommenden giftigen Doldenblütlern wie **Giftiger Wasserschierling S. 129** oder **Großer Wasserfenchel S. 108**. Doch diese Pflanzen haben deutlich feiner gefiederte Blätter als die Brunnenkresse.

Hederich, Acker-Rettich

Raphanus raphanistrum **Kreuzblütler**

H 20–60 cm Juni–Sept. einjährig

Merkmale Stängel an der Basis bläulich bereift und borstig behaart. Blätter im unteren Stängelbereich in 4–5 Lappen unterteilt, im oberen Stängelbereich ungeteilt und gezähnt, beide gestielt. Die weißen oder blassgelben Blüten stehen in lockeren Trauben am Ende des Stängels. Die 4 Blütenblätter sind mit dunklen, meist violetten Adern durchzogen, die 4 Kelchblätter stehen aufrecht. 2–9 cm lange Früchte, die perlschnurartig gegliedert sind, 2–10 Samenfächer enthalten und in einem samenlosen, schnabelförmigen Endstück auslaufen.

Fundort Wächst auf Äckern, an Feldrainen, Wegen und in Gärten. Liebt lockere Lehmböden. In ganz Europa verbreitet.

Ernte und Verwertung Im zeitigen Frühjahr sammelt man Blätter und Sprosse von sehr jungen Pflanzen. Um diese Zeit erinnern sie im Geschmack an Rettich, später schmecken sie sehr scharf. Sie würzen fein geschnitten Salate, Gemüsesuppen und Eintopfgerichte, sollten aber nur sparsam eingesetzt werden. Wurzeln gräbt man von August bis September aus und verwendet sie gerieben wie Meerrettich. Die reifen Samen lassen sich im September/Oktober ernten und zu Senf verarbeiten.

› Giftige Doppelgänger

Verwechslungen sind mit **Acker-Schöterich S. 111** oder **Goldlack S. 121** möglich. Der Acker-Schöterich hat ungeteilte, ganzrandige oder wenig gezähnte Blätter, seine Früchte sind kantig und ohne Schnabelfortsatz. Der Goldlack hat ausschließlich ungeteilte Blätter.

Gewöhnliche Knoblauchsrauke

Alliaria petiolata **Kreuzblütler**

H 20–100 cm Apr.–Juli zweijährig–mehrjährig

Merkmale Zwei- bis mehrjährig wachsende Pflanze mit kantigem Stängel. 2 Blattformen: Grundblätter nierenförmig, lang gestielt und am Rand buchtig gekerbt. Stängelblätter 3-eckig, zugespitzt, kurz gestielt und am Rand unregelmäßig gezähnt. Kleine weiße Blüten, in Büscheln an der Stängelspitze. Frucht eine 2–7 cm lange, 4-kantige Schote, enthält kleine schwarze, scharf schmeckende Samen. Vor allem die junge Pflanze riecht und schmeckt deutlich nach Knoblauch.

Fundort Die Pflanze braucht kühle, schattige Standorte. Sie wächst an Wald- und Wegrändern, auch an Heckensäumen.

Ernte und Verwertung Die Knoblauchsrauke sollte man ausschließlich frisch verwenden, denn beim Kochen und auch beim Trocknen verliert die Pflanze ihren zarten Knoblauchgeschmack. Die jungen, vor der Blüte gesammelten Blätter und Sprosse würzen viele Gerichte. Man gibt sie, wie Petersilie fein geschnitten, zu Salaten, Kräuter- und Gemüsesuppen, zu Kräuterbutter, Quark- und Eierspeisen. Auch die kleinen weißen Blüten würzen unser Essen. Die Samen werden trotz ihres scharf-bitteren Geschmacks wie Senfkörner verarbeitet.

› Giftiger Doppelgänger

Die Stängelblätter der Knoblauchsrauke ähneln im Aussehen ein wenig den einzelnen Fiederblättchen des **Gewöhnlichen Schöllkrauts S. 111**, das auch an Wegrändern und Heckensäumen wächst. Doch riechen Schöllkrautblätter nicht nach Knoblauch und die Knoblauchsrauke besitzt keinen gelben Milchsaft.

Bitteres Schaumkraut

Cardamine amara **Kreuzblütler**

H 10–60 cm Apr.–Juli mehrjährig

Merkmale Stängel aufrecht, meist unverzweigt, kantig und gerillt, mit Mark gefüllt. Blätter gefiedert, bestehen aus 8–10 ovalen, seitlichen Teilblättchen und einem größeren, rundlichen Endblättchen. Weiße, selten schwach rosa überlaufene Blüten in einer Traube am Stängelende, 4 Blütenblätter, Staubbeutel rotviolett. Kleine hellbraune Samen, bis 1,5 mm lang.

Fundort Wächst in fast ganz Europa an beschatteten Bachufern, Gräben, auf Nasswiesen und an sumpfigen Stellen in Wäldern. In den Alpen bis in Höhenlagen von 2000 m anzutreffen.

Ernte und Verwertung Seit alters werden die jungen Blätter und Sprosse des Bitteren Schaumkrauts vom Vorfrühling bis zur Blütezeit der Pflanze gegessen. Später im Jahr schmecken sie sehr bitter. Man verarbeitet sie fein geschnitten in Salaten und Gemüsegerichten, nimmt sie zu Kräuterkäse oder einfach aufs Butterbrot. Die älteren Blätter sind nur fein dosiert als bitter-scharfe Speisewürze zu empfehlen. Auch die Samen sind essbar. Man erntet sie von Juli bis September, verarbeitet sie zu einem scharfen Senf oder vermischt sie gemahlen mit Mehl und bäckt daraus ein deftiges Brot. Das Bittere Schaumkraut wird oft mit der am gleichen Standort wachsenden Brunnenkresse (S. 16) verwechselt. Doch ein Blick auf Stängel, Blätter und Staubbeutel beider Pflanzen schließt jeden Irrtum aus: Das Bittere Schaumkraut besitzt einen mit Mark gefüllten Stängel, seine Blätter bestehen aus 4–5 Fiederpaaren und seine Staubgefäße sind rotviolett. Bei der Brunnenkresse dagegen ist der Stängel stets hohl, die Blätter bestehen aus maximal 2–3 Fiederpaaren und die Staubgefäße sind gelb. Eine Verwechslung beim Ernten beider Pflanzen wäre aber nicht schlimm, da beide essbar sind und darüber hinaus reichlich Vitamin C enthalten. Früher waren sie ein wichtiges Mittel gegen Skorbut.

Ährige Teufelskralle

Phyteuma spicatum **Glockenblumengewächse**
H 20–80 cm Mai–Aug. mehrjährig

Merkmale Dicke, rübenförmige Wurzel, die tief in den Boden reicht. Stängel aufrecht, unverzweigt. Grundblätter lang gestielt, herzförmig, oft dunkel gefleckt, am Rand gezähnt. Stängelblätter wechselständig, kurz gestielt bis sitzend, schmal länglich geformt. Blüten weiß, selten blau, stehen in einem walzenförmigen Blütenstand und sind vor dem Aufblühen krallenartig gekrümmt.

Fundort Wächst in hellen, krautreichen Laub- und Nadelmischwäldern, auch auf Bergwiesen.

Ernte und Verwertung Essbar sind die frischen, jungen Grundblätter, die noch geschlossenen Blütenstände und die Wurzel. Grundblätter und noch geschlossene Blütenstände werden von Mai bis Juni gesammelt. Die Wurzel wird im Herbst ausgegraben, allerdings nur an Standorten, an denen die Pflanze in einigermaßen großen Beständen wächst. Die zarten Blätter lassen sich roh als Salat oder gekocht als Gemüse zubereiten. Die noch geschlossenen Blütenstände schmecken, einige Minuten über Dampf gegart und mit Crème fraîche oder Kräuterbutter angerichtet, mild und süßlich. Die dicke, fleischige Wurzel ist reich an Stärke und wurde früher roh oder gekocht relativ häufig gegessen. Roh schmeckt sie scharf wie Rettich. Aber in Salzwasser gekocht oder in Öl gebraten entwickelt sie einen angenehm mild-süßlichen Geschmack. Man kann daraus mit Äpfeln, Kartoffeln, gekochten Eiern und anderen Zutaten einen vorzüglichen Salat zubereiten. Die Ährige Teufelskralle hat keine giftigen Doppelgänger. Doch kann man sie im Frühling, solange nur die Blätter vorhanden sind, mit einigen am gleichen Standort wachsenden Veilchenarten verwechseln. Die Grundblätter der Teufelskralle sind jedoch hellgrün, meist dunkel gefleckt und unbehaart, Veilchenblätter hingegen mattgrün und weich behaart.

Gänseblümchen

Bellis perennis **Korbblütler**

H 3–15 cm Feb.–Dez. mehrjährig

Merkmale Eine der bekanntesten heimischen Wildpflanzen. Blütenstängel rund, leicht behaart, ohne Blätter. Die Blätter liegen in einer Rosette knapp über dem Boden. Die Einzelblättchen sind spatelförmig, leicht behaart, der Blattrand ist gekerbt. An der Stängelspitze je ein Blütenköpfchen. Jedes Blütenköpfchen besteht aus vielen weißen oder zartrosafarbenen Zungenblüten am Rand und gelben Röhrenblüten in der Mitte. Schneidet man ein Blütenköpfchen der Länge nach durch, so erkennt man einen kegelförmig aufgewölbten, hohlen Köpfchenboden. Dies ist ein wichtiges Unterscheidungsmerkmal zum ähnlich aussehenden Alpenmaßliebchen *(Aster bellidiastrum)*, dessen Blütenboden gefüllt ist. Die jungen, zarten Blätter sowie die Blüten dieser Pflanze sind ebenfalls essbar.

Fundort Das Gänseblümchen ist eine Pflanze nährstoffreicher Wiesen. Auch an Wegrändern, auf Park- und Gartenrasen tritt es auf. Es besiedelt fast ganz Europa, in wintermilden Gegenden ist es ganzjährig blühend anzutreffen.

Ernte und Verarbeitung Blätter, Blütenknospen und Blüten können ganzjährig gesammelt werden, schmecken aber im Frühling am besten. Die jungen, zarten Frühlingsblätter passen gut in Salate, aber auch fein geschnitten auf Butterbrote oder in Quark. Ältere Blätter ergeben gemischt mit Brennnessel, Sauerampfer oder Gundermann Kräutersuppen und Wildgemüsegerichte. Blütenknospen und halb geöffnete Blüten würzen mit ihrem zart nussigen Aroma Salate und Quarkspeisen und schmücken als essbare Dekoration Suppen. Voll entwickelte Blüten schmecken dagegen ein wenig bitter und sollten sparsam verwendet werden. Das Gänseblümchen gilt als alte Heilpflanze, die ätherisches Öl, Gerb-, Bitter- und Schleimstoffe enthält. Es wirkt stoffwechselanregend, blutreinigend und entwässernd.

Bärlauch

Allium ursinum **Amaryllisgewächse**

H 15–50 cm Apr.–Juni mehrjährig

Merkmale Zwiebelpflanze mit intensivem Knoblauchgeruch. Zwiebel lang, schmal, vergleichbar mit Frühlingszwiebeln. Stängel 3-kantig, hohl. Meist 2 (selten 1 oder 3) lang gestielte, große, breit-ovale Blätter mit deutlich parallelen Adern, Blattunterseite matt. Kugeliger Blütenstand aus weißen, sternförmigen Einzelblüten an der Spitze des Stängels. Jede Einzelblüte mit 6 meist zugespitzten Blütenblättern.

Fundort Wächst in großen Beständen in schattigen Laub- und Auwäldern. Braucht feuchte, schattige, nährstoffreiche Standorte. Schattenpflanze und Nährstoffzeiger.

Ernte und Verwertung Bärlauch ist eine bekannte Heil-, Gewürz- und Gemüsepflanze und in seiner Wirkung Knoblauch sehr ähnlich. In der Küche werden Blätter, Blüten und Zwiebel verwendet. Die Blätter sammelt man am besten vor der Blüte. Sie können roh und gekocht verarbeitet werden, sind roh jedoch deutlich intensiver im Geschmack. Die sternförmigen Blüten schmecken wie die Blätter ein wenig scharf. Blätter und Blüten passen gut in Salate, Quarkspeisen und Brotaufstriche aller Art. Die kleinen, länglichen Zwiebeln verleihen, in Olivenöl eingelegt, dem Öl eine aromatische Würze.

> Giftige Doppelgänger

Verwechslungen mit **Gewöhnlichem Maiglöckchen S. 109, Echtem Salomonssiegel S. 110, Herbst-Zeitlose S. 114** oder **Geflecktem Aronstab S. 127** kommen immer wieder vor. Diese Arten entwickeln aber im Gegensatz zum Bärlauch keinen typischen Knoblauchgeruch beim Zerreiben der Blätter.

Gewöhnliches Scharbockskraut

Ranunculus ficaria **Hahnenfußgewächse**

H 5–30 cm März–Mai mehrjährig

Merkmale Meist liegender, seltener aufgerichteter Stängel. Blätter wechselständig, herz- bis nierenförmig, glänzend dunkelgrün, mit schwach gekerbtem Rand. In den Blattachseln sitzen oft weizenkorngroße weiße Brutknospen. Sternförmige goldgelb glänzende Blüten am Stängelende, ausgebreitet 2–3 cm im Durchmesser. Bleiben bei kühler und feuchter Witterung geschlossen.

Fundort Diese fast überall in Mitteleuropa häufige Pflanze wächst auf feuchten, nährstoffreichen Wald- und Wiesenböden. Sie bildet in Laubwäldern ausgedehnte Blütenteppiche, tritt aber auch an Bachufern, in Wiesen, an Hecken und in Gärten auf.

Ernte und Verwertung Das Scharbockskraut gehört zu den ersten Frühlingspflanzen, aus denen man einen Vitamin-C-reichen Wildsalat zubereiten kann. Seine jungen, vor der Blüte gepflückten Blättchen passen zu Kartoffel-, Möhren- und Feldsalat. Auch verleihen sie Suppen oder Gemüse eine frisch säuerliche Note. Während und nach der Blüte dürfen die Blätter nicht mehr gegessen werden, da sie den Giftstoff Protoanemonin einlagern. Aber ihr dann brennend scharfer Geschmack würde auch Unvorsichtige vom Genuss abhalten.

> Giftiger Doppelgänger

Die **Gewöhnliche Haselwurz S. 116** hat auch nierenförmige, glänzende Blätter, doch riechen diese beim Zerreiben brennend scharf. Zusätzliches Identifikationsmerkmal für das Scharbockskraut sind die weizenkorngroßen weißen Brutknospen in den Blattachseln.

Gänse-Fingerkraut

Potentilla anserina **Rosengewächse**

H 5–15 cm Mai–Aug. mehrjährig

Merkmale Dünner, am Boden kriechender Stängel, oft rötlich überlaufen. Blätter oben sattgrün, unten silbrig weiß behaart, einfach gefiedert, große Teilblättchen wechseln sich mit sehr kleinen ab. Blattrand tief gesägt. Goldgelbe Blüten, sitzen endständig an 10–30 cm langen, blattlosen Stielen. 5 rundliche Blütenblätter.

Fundort Wächst verbreitet an Wegrändern, Bahndämmen, auf Schuttplätzen, an Ufern, auf Gänseweiden. Bevorzugt nährstoffreiche, verdichtete, feuchte Böden.

Ernte und Verwertung Blätter und Blüten werden von Mai bis August gesammelt, die Wurzeln von September bis in den Winter ausgegraben. Frische Blätter und Blüten sind eine Bereicherung für Salate, Frischkäsemischungen und Quarkspeisen. Die kräftig schmeckenden Blätter ergeben zusammen mit anderen Kräutern eine würzige Suppe und ein angenehm bitteres Gemüse. Die Wurzeln erinnern im Geschmack an Pastinaken. Sie werden roh oder gekocht genutzt und getrocknet zu Mehl verarbeitet. Das Gänse-Fingerkraut ist Bestandteil von Fertigtees und Arzneimitteln. Die Volksmedizin nutzt einen Aufguss der getrockneten Blätter bei Magenbeschwerden.

› Giftiger Doppelgänger

Gefährlich wäre eine Verwechslung mit dem am gleichen Standort vorkommenden, ebenfalls gelb blühenden **Kriechenden Hahnenfuß S. 110**. Doch sind die Blätter des Kriechenden Hahnenfußes in 3 Abschnitte gegliedert, während die des Gänse-Fingerkrauts aus 5–25 Einzelblättchen bestehen.

Gewöhnliches Barbarakraut

Barbarea vulgaris **Kreuzblütler**

H 20–90 cm Apr.–Juni einjährig–mehrjährig

Merkmale Stängel aufrecht, kahl. Blätter dick, glänzend dunkelgrün, kahl. Grundblätter in einer Rosette angeordnet, bestehen aus 2–10 länglichen Seitenblättchen und einem rundlichen Endblättchen. Stängelblätter wechselständig angeordnet, ungeteilt und mit gezähntem Rand. Dichte Traube aus kleinen, gestielten gelben Blüten am Stängelende, 4 Blütenblätter. Samenschoten 1,2–2,5 cm lang und knapp 2 mm dick, kantig, meist aufrecht abstehend.

Fundort Besiedelt Ufer von Gräben, Bächen und Flüssen, wächst aber auch an Weg- und Ackerrändern und auf Waldlichtungen. Braucht frische, nährstoffreiche Sand- und Lehmböden.

Ernte und Verwertung Das Barbarakraut heißt auch Winterkresse, da seine kresseartig scharf-würzig schmeckenden Blätter selbst an schneefreien Wintertagen zur Verfügung stehen. Man sammelt die jungen Blattrosetten von Dezember bis Mai. Sie ergeben ein gutes Gemüse oder einen durch ihren Gehalt an Senfölen pikanten Salat. Man nimmt sie als Beilage zu mild schmeckenden Wildkräutersalaten oder Wildgemüsegerichten und würzt mit ihnen Kräuterbutter, Fleischsoßen und Bratkartoffeln.

> Giftige Doppelgänger

Vorsicht vor Verwechslungen mit **Acker-Schöterich S. 111** und **Wegrauke S. 112**. Der Acker-Schöterich hat schmal länglich geformte, ganzrandige oder nur unregelmäßig gezähnte Stängelblätter. Die Blätter der Wegrauke sind beiderseits behaart.

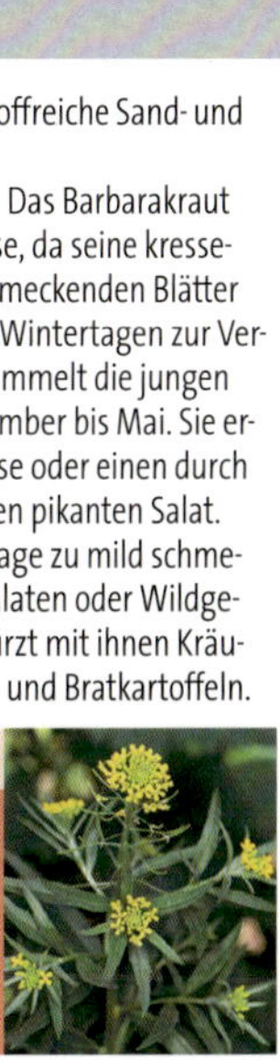

Huflattich

Tussilago farfara **Korbblütler**

H 5–15 cm Feb.–Mai mehrjährig

Merkmale Stängel zur Blütezeit nur mit rotbraunen Schuppen besetzt. Blätter erst nach der Blüte. Fühlen sich wie weiches Leder an, sind lang gestielt, herzförmig, 10–30 cm breit und unten mit einem weißen Haarfilz überzogen. Goldgelbe Blütenköpfchen.
Fundort Weg- und Straßenränder, Kiesgruben, feuchte Äcker und Schuttplätze.
Ernte und Verwertung Junge Huflattichblätter haben einen ausgeprägt süßharzigen Geschmack und sind ebenso wie die Blüten eine Bereicherung für die Wildkräuterküche. Die Blüten werden von Februar bis April gesammelt, die Blätter von April bis November. Ganz junge Blätter kann man roh essen. In feine Streifen geschnitten passen sie gut in Frühlingssalate. Ältere Blätter sollten nur noch gekocht verwendet werden. Sie kommen in Gemüseaufläufe, Pfannkuchenfüllungen und Suppen. Die Blüten brät man am besten in etwas Butter und bringt sie heiß auf den Tisch. Huflattich ist eine altbekannte Heilpflanze, die vor allem bei Bronchialerkrankungen genutzt wird. Leider enthält er neben vielen gesunden Wirkstoffen auch Spuren an krebserregenden Pyrrolizidinalkaloiden und sollte deshalb nur gelegentlich verwendet werden.

> Giftiger Doppelgänger

Eine Verwechslung mit der **Gewöhnlichen Pestwurz S. 114** ist denkbar, doch sind deren Blätter bis zu 1 m lang und bis zu 60 cm breit. Sie gelten wegen stark schwankender Mengen an Pyrrolizidinalkaloiden als schwach giftig, schmecken ausgesprochen bitter und werden in der Küche nicht verwendet.

Gewöhnlicher Löwenzahn

Taraxacum sect. Ruderalia **Korbblütler**

H 5–50 cm März–Nov. mehrjährig

Merkmale Dicke Pfahlwurzel, die bis zu 30 cm in den Boden reicht. Enthält in allen Teilen einen weißen, bitter schmeckenden Milchsaft. Stängel hohl, unverzweigt, ohne Blätter. Die Blätter liegen flach ausgebreitet in einer Rosette am Boden, sind stark gelappt, kahl. Ein gelbes Blütenköpfchen an der Stängelspitze. Der Fruchtstand ist die bekannte Pusteblume.

Fundort Es gibt kaum einen Lebensraum, in dem der Löwenzahn nicht anzutreffen ist. Die Pflanze wächst auf Wiesen, in Gärten, an Weg- und Straßenrändern. In den Alpen findet man sie bis in Höhenlagen von 2500 m.

Ernte und Verwertung Der Löwenzahn ist ein unerschöpflicher Gemüse- und Salatlieferant. Blätter, Blüten und Wurzeln sind roh oder gekocht essbar. Löwenzahnblätter können ganzjährig gesammelt werden, schmecken jedoch vor der Blüte im Frühling am besten. Im Laufe des Jahres werden sie immer bitterer. Wer den bitteren Geschmack abschwächen möchte, mischt die Pflanze mit einer der vielen milder schmeckenden Arten wie Brennnessel, Taubnessel, Vogelmiere oder Giersch. Löwenzahnblüten sind das süße Pendant zu den Blättern. Sie schmecken in Butter gebraten, ergeben einen intensiv gelb gefärbten Tee oder einen dicken, aromatisch schmeckenden Sirup. Aus den Wurzeln des Löwenzahns wurde früher eine Art Kaffee hergestellt. Dazu wurden sie in kleine Stücke geschnitten, getrocknet, in der Pfanne geröstet und wie Kaffeebohnen gemahlen. Eine Verwechslung des Löwenzahns mit ähnlichen Pflanzen ist während der Blütezeit nahezu ausgeschlossen. Vor und nach der Blüte ist eine Unterscheidung schon schwieriger, denn es gibt viele Milchsaft führende Pflanzen, deren Blätter in einer Grundrosette angeordnet sind. Sicheres Kennzeichen für diese Art sind dann der hohle, unbehaarte Stängel und die unbehaarten Blätter.

Wiesen-Schaumkraut

Cardamine pratensis **Kreuzblütler**

H 15–50 cm Apr.–Juni mehrjährig

Merkmale Stängel aufrecht, rund, hohl, kahl. Grundblätter in einer Rosette, gefiedert, bestehen aus mehreren Paaren rundlich-eiförmiger Teilblättchen und einem deutlich vergrößerten Endblättchen. Stängelblätter ebenfalls gefiedert, Teilblättchen aber schmal-länglich. Blüten zartrosa, weiß oder violett, 4 kreuzförmig angeordnete Blütenblätter mit dunklen Adern. Gelbe Staubgefäße.

Fundort Feuchte, nährstoffreiche Wiesen, Gewässerufer, Auwälder. In den Alpen bis in Höhenlagen von 2000 m anzutreffen.

Ernte und Verwertung Diese pfeffrig scharf schmeckende Pflanze wird in der Küche nur als Würzmittel eingesetzt. Am besten eignen sich hierfür die vor der Blüte gesammelten Blätter der Grundrosette und die jungen Sprosse. Sie werden frisch und fein gehackt zu Wildsalaten und Quarkspeisen gegeben, passen aber auch in Suppen und Gemüsegerichte und als Wiesenschaumkraut-Sahnesoße zu Fisch- und Eierspeisen. Manchmal tragen Stängel und Blätter schaumige Bällchen. Diese werden von den Larven einer Schaumzikade gebildet, die sich damit vor Feinden schützen. Vor der Verarbeitung werden diese Schaumnester abgespült.

› Giftiger Doppelgänger

Die **Gewöhnliche Nachtviole S. 112** besitzt im Gegensatz zum Wiesen-Schaumkraut einfache, ungefiederte, schmal-längliche Blätter. Ihre Blüten verströmen einen intensiven Veilchenduft.

Rote Taubnessel

Lamium purpureum **Lippenblütler**

H 5–30 cm März–Okt. einjährig

Merkmale Brennnesselartige Pflanze ohne Brennhaare. Stängel aufrecht, 4-kantig, meist kahl. Blätter kreuzweise gegenständig am Stängel angeordnet, gestielt, oval bis herzförmig, runzelig, am Rand brennnesselartig gezähnt. Rosafarbene bis purpurrote Blüten, die in Gruppen zu 6–10 in den Achseln der oberen Blätter sitzen. Die Blüten besitzen 2 deutlich geformte Lippen. Die obere Lippe ist helmförmig gebogen, die untere besteht aus 3 Lappen, der Mittellappen ist vorne herzförmig ausgerandet.

Fundort Feld-, Weg- und Gebüschränder, Felder, Gärten, Weinberge. Verbreitet auf nährstoffreichen, lockeren Lehmböden.

Ernte und Verwertung Taubnesseln liefern ein heilkräftiges Gemüse, da sie viele Vitamine und Mineralsalze enthalten. Essbar sind die jungen Sprosse und Blätter vor der Blütezeit sowie die Blüten. Sprosse und Blätter schmecken roh in Wildsalaten, gekocht in Suppen und Wildgemüsen. Die süß duftenden Blüten ergeben eine essbare Dekoration für Desserts. In gleicher Weise können die Gefleckte Taubnessel *(L. maculatum)* mit purpurfarbenen Blüten und dunkel gefleckter Unterlippe sowie die Weiße Taubnessel *(L. album)* verwendet werden.

> Ungenießbarer Doppelgänger

Eine Verwechslung mit der in Blatt- und Blütenform ähnlichen **Schwarznessel S. 113** ist denkbar und wahrscheinlich. Doch diese Pflanze hat ein wesentlich dunkleres Erscheinungsbild. Wegen ihres unangenehmen Geruchs wird sie in der Küche nicht verwendet.

März-Veilchen, Duft-Veilchen

Viola odorata **Veilchengewächse**

H 3–10 cm März–Apr. mehrjährig

Merkmale Lange, oberirdisch kriechende Ausläufer. Blätter rundlich nierenförmig bis herzförmig, am Rand regelmäßig gekerbt, lang gestielt, fein behaart, liegen in einer bodennahen Rosette. Blauviolette, duftende Blüten mit dickem, geradem Sporn.

Fundort Wächst in Laubwäldern, unter Hecken und Gebüschen. Stammt ursprünglich aus Südeuropa. Wurde im Mittelalter als Heilpflanze in mitteleuropäischen Gärten kultiviert und ist heute in fast ganz Europa verwildert anzutreffen.

Ernte und Verwertung Blätter und Blüten sind essbar. Die Blätter können fast ganzjährig geerntet werden, die Blüten in den Monaten März/April. Die zarten Blätter passen gut in Salate und Gemüsegerichte, zu Suppen, Soßen und auch Quarkspeisen. Den blumigen Duft und die intensive Farbe der Veilchenblüten nutzt man schon lange in der Küche. Bereits im England des 14. Jahrhunderts wurden sie zusammen mit Milchreis gekocht. Heute verwendet man sie zum Aromatisieren von Bowlen, Sirup, Zucker und Essig und kandiert als essbare Dekoration von Süßspeisen. Die Volksheilkunde nutzt einen Tee aus Veilchenblüten bei Husten und Halsentzündungen.

> Giftiger Doppelgänger

Die giftigen, recht ähnlich geformten Blätter der **Gewöhnlichen Haselwurz** **S. 116** sind ledrig, immergrün, am Rand oft rot angelaufen und riechen pfefferartig scharf. Die braunroten, glockigen Blüten der Haselwurz schließen eine Verwechslung mit Veilchenblüten aus.

Bachbungen-Ehrenpreis, Bachbunge

Veronica beccabunga **Wegerichgewächse**

H 10–50 cm Mai–Sept. mehrjährig

Merkmale Stängel rund und kahl, oft rötlich überlaufen, niederliegend, richtet sich nur im oberen Teil bogenförmig auf. Blätter gegenständig, fast sitzend, rundlich bis eiförmig, 3–5 cm lang und 1–2,5 cm breit, ganzrandig oder gekerbt. Blütentrauben aus bis zu 30 blauen Einzelblüten in den Achseln der oberen Blätter, lang gestielt.
Fundort Der Bachbungen-Ehrenpreis wächst in langsam fließenden Bächen, Quellen, Gräben, an Ufern von stehenden und fließenden Gewässern und auch in nassen, nährstoffreichen Wiesen. Er bildet an seinen Standorten dichte Bestände.
Ernte und Verwertung Essbar sind Blätter und Stängel, die von April bis September gesammelt werden. Wie bei der Brunnenkresse ist auch beim Sammeln des Bachbungen-Ehrenpreises sehr genau auf den Standort zu achten. Man sammelt grundsätzlich nur in saubersten Gewässern und niemals am Rand von Viehweiden. Die Pflanzen könnten sonst die Larvenstadien des Großen Legeregels tragen, eines Weideviehparasiten, der für den Menschen gefährlich, ja sogar tödlich sein kann. Wer ganz sichergehen will, kocht die Pflanze vor der Verwendung ab. Dies ist die einzige Möglichkeit, jedes Risiko auszuschließen. Der Bachbungen-Ehrenpreis ist reich an Vitamin C und galt früher als hilfreiches Mittel gegen Skorbut. Bachbungenblätter und -stängel können roh als Salatbeigabe verwendet werden, passen fein geschnitten aufs Butterbrot oder in pikante Quarkspeisen. Auch für die Zubereitung als Wildgemüse sind sie geeignet. Im Geschmack ist der Bachbungen-Ehrenpreis, ähnlich wie die Brunnenkresse, ein wenig scharf. Und er entwickelt, vor allem gekocht, eine ausgeprägt bittere Note. Deshalb ist es gut, ihn bei der Zubereitung immer mit milderen Wildkräutern oder Gartengemüsen und Kultursalaten zu kombinieren.

Kriechender Günsel

Ajuga reptans **Lippenblütler**

H 10–30 cm Apr.–Juli mehrjährig

Merkmale Kriecht mit oberirdischen Ausläufern am Boden. Stängel aufrecht, 4-kantig, meist auf 2 gegenüberliegenden Seiten stärker behaart. Bodennahe Blätter zu einer Rosette verdichtet, gestielt. Stängelblätter gegenständig, nur undeutlich gestielt oder sitzend, kleiner als die Grundblätter. Blaue Blüten in Gruppen zu 2–6 in den Achseln der Blätter und ährenähnlich gehäuft am Stängelende, sind gekennzeichnet durch eine stark reduzierte oder fehlende Oberlippe. Die Unterlippe ist dagegen sehr groß ausgebildet und immer 3-lappig.

Fundort Wächst in feuchten Wiesen, artenreichen Wäldern, Hecken und Gebüschen. Sehr häufig.

Ernte und Verwertung Gesammelt werden die jungen Sprosse und Blätter von März bis Mai. Alleine sollte Günsel wegen seines chicoréeartig bitteren Geschmacks nicht verarbeitet werden. Zusammen mit Löwenzahn und anderen milderen Wildkräutern ergibt er jedoch einen guten Salat. Fein dosiert als Würze passt er auch zu Kräuterkartoffeln, Gemüsesuppen und sogar in Frischkäsemischungen. Wegen ihres hohen Gerbstoffgehalts war die Pflanze früher ein häufig verwendetes Heilkraut bei Halsentzündungen.

› Giftiger Doppelgänger

Der Kriechende Günsel kann mit der **Polei-Minze S. 132** verwechselt werden, deren Blätter jedoch beim Zerreiben einen intensiv aromatischen Duft verströmen. Außerdem weist die Polei-Minze keine ährenähnlichen Blütenstände am Stängelende auf. Ihre Blüten sitzen in Quirlen in den Blattachseln, nie ährenförmig am Stängelende.

Blauer Lattich

Lactuca perennis **Korbblütler**

H 20–75 cm Mai–Juli mehrjährig

Merkmale Pflanze mit Milchsaft. Stängel aufrecht, rund, kahl, im oberen Bereich verzweigt. Blaugrün gefärbte, wechselständige Blätter, kahl, fast bis zur Mittelrippe tief gelappt, im unteren Stängelbereich kurz gestielt, oben stängelumfassend. Ähneln in ihrer Form den Blättern des Löwenzahns, lassen sich jedoch aufgrund ihrer blaugrünen Farbe deutlich von den stets dunkelgrünen Löwenzahnblättern unterscheiden. Verzweigter Blütenstand aus nur wenigen blauvioletten Blütenköpfchen, Einzelköpfchen 3–4 cm im Durchmesser.

Fundort Besiedelt felsige Partien der Mittelgebirge, steile Hänge in Weinbauregionen, trockene Rasen, ist manchmal auch an Wegen und in Mauerritzen zu finden. Ist kalk- und wärmeliebend und wächst an besonnten Stellen bis in Höhenlagen von 1700 m. In Deutschland kommt er nur im warmen Süden und Südwesten vor. Braucht trockene, steinige oder sandige Böden.

Ernte und Verwertung Wenn der Winter zu Ende geht, sind die ersten zarten, frisch-herb schmeckenden Blätter des Blauen Lattichs eine wahre Delikatesse. An geschützten Stellen entfalten sie sich bereits im Februar. Sie können bis zum Beginn der Blütezeit in der Küche verwendet werden. Sie eignen sich roh und in Streifen geschnitten als Beigabe zu Salaten und Gemüsegerichten und runden als Beilage auch Fleisch- und Fischmahlzeiten ab. In Feinkostgeschäften werden die vitaminreichen Blätter im Frühling teuer verkauft. Im Sommer, während und nach der Blütezeit, sollten sie nicht mehr auf den Tisch kommen, da sie dann sehr bitter sind. Diese Pflanze ist in unserer Flora selten geworden, genießt aber keinen gesetzlichen Schutz. Man sollte deshalb nur kleine Mengen für den Eigenbedarf sammeln. Gartenbesitzer können die Pflanze auch selber anbauen. Sie gedeiht gut an trockenen, warmen, kalkreichen Standorten.

Acker-Schachtelhalm

Equisetum arvense **Schachtelhalmgewächse**

H 10–30 cm März–Apr. mehrjährig

Merkmale Aufrechte Pflanze mit fertilen und sterilen Stängeln. Die fruchtbaren Stängel entwickeln sich schon im März. Sie tragen an der Spitze eine dicke hellgelbe oder weißliche Sporenähre, sind unverzweigt, zimtfarben oder rötlich braun und in kurze Abschnitte gegliedert. Die einzelnen Abschnitte enden mit einer bauchigen Scheide aus verwachsenen Blattschuppen, in der jeweils der Anfang des nächsten Abschnitts steckt. Fertile Stängel sind nur sehr kurzlebig. An ihrer Stelle erscheinen im Sommer sterile grüne, quirlig verzweigte Stängel.

Fundort Wächst verbreitet auf Äckern und Wiesen, an Wegrändern und auch in Wäldern. Liebt frische bis feuchte, nährstoffreiche Lehmböden.

Ernte und Verwertung Im 17. Jahrhundert war der Acker-Schachtelhalm in jedem Haushalt zu finden. Man brachte damit Zinngeschirr und Kupfertöpfe auf Hochglanz. In der heutigen Heilkunde wird die Pflanze zur Stärkung der körpereigenen Abwehrkräfte genutzt. Nur wenige wissen, dass sie auch in der Küche ihren Platz hat. Die sporentragenden Kolben schmecken in Eierspeisen wie Omeletts oder Rührei, im Gemüseauflauf und in Suppen.

> Giftige Doppelgänger

Der giftige **Teich-Schachtelhalm S. 115** und der giftige **Sumpf-Schachtelhalm S. 115** zeichnen sich durch gleich gestaltete und gleichzeitig erscheinende fertile und sterile Stängel aus, während sich die des Acker-Schachtelhalms voneinander unterscheiden und jahreszeitlich getrennt auftreten.

Echter Hopfen

Humulus lupulus **Hanfgewächse**

H 2–6 m Juli–Aug. mehrjährig

Merkmale Kletternde Staude, deren Stängel sich im Uhrzeigersinn um Bäume und Sträucher winden. Stängel krautig, 4-kantig, mit borstigen Kletterhaaren besetzt. Blätter gegenständig, 3–5-fach gelappt, am Rand gezähnt und borstig behaart, erinnern in der Form an die Blätter der Weinrebe. Männliche und weibliche Blüten auf verschiedenen Pflanzen, die männlichen Blüten stehen in lockeren Rispen in den Achseln der Blätter. Weibliche Blüten in einer dicht beblätterten, 2–3 cm langen Ähre bilden zur Fruchtzeit gelbgrüne, zapfenähnliche Hopfendolden.

Fundort In Auwäldern, feuchten Gebüschen, an Waldrändern, Flussufern und Zäunen. Wild von der Ebene bis in die Alpentäler verbreitet, aber nicht sehr häufig. Braucht frische bis nasse, nährstoffreiche Böden.

Ernte und Verwertung Die Frühjahrstriebe des Hopfens sehen wie lange, gekrümmte Spargelstangen (Hopfenspargel) aus und gelten roh oder gekocht als Delikatesse. Man erntet sie von April bis Mai. Roh machen sie sich gut in Salaten, gekocht schmecken sie mit zerlassener Butter. Die Hopfenzapfen werden in den Monaten September und Oktober geerntet. Sie aromatisieren Liköre und ergeben einen heilkräftigen Tee.

> Giftige Doppelgänger

Verwechslungen sind mit der **Zweihäusigen Zaunrübe S. 109** oder der **Gewöhnlichen Waldrebe S. 116** denkbar. Die Zaunrübe unterscheidet sich vom Hopfen durch ihre spiralig gewundenen Ranken, die Waldrebe durch ihren holzigen Stängel und die gefiederten Blätter.

Große Brennnessel

Urtica dioica **Brennnesselgewächse**

H 30–250 cm Juni–Okt. mehrjährig

Merkmale Dicht mit Brennhaaren besetzt. Stängel aufrecht, unverzweigt, kantig. Blätter gekreuzt gegenständig, eiförmig, lang zugespitzt, grob gezähnt. Männliche und weibliche Blüten auf verschiedenen Pflanzen, männliche Blütenstände aufrecht, weibliche hängend. Einzelblüten klein, 4 Blütenblätter.

Fundort Wächst in Wäldern und Gebüschen, an Wegen und Zäunen, auf Geröll- und Schutthalden. In den Alpen bis in 3000 m Höhe anzutreffen. Liebt beschattete Plätze und feuchte, stickstoffreiche Böden. Sehr häufig, gilt als typisches „Unkraut".

Ernte und Verwertung Die Brennnessel hat seit Langem einen festen Platz in der Wildkräuterküche. Ihre jungen Triebe und Blätter ergeben ein wohlschmeckendes Gemüse. Ebenso bekannt ist ihre Verarbeitung zur traditionellen Brennnesselsuppe und in grünen Soßen. Selbst in Knödel-, Gnocchi- und Nudelteige passen sie. Im Sommer getrocknet und in aromadichten Gläsern aufbewahrt sind Brennnesselblätter lange haltbar und auch im Winter als gesunde Würze für Suppen und anderes zu nutzen. Die beste Sammelzeit für junge Sprosse und Blätter sind die Monate März/April. Später im Jahr pflückt man nur noch die 4–6 oberen Blätter und die Triebspitze, da die älteren Blätter beim Kochen einen unangenehmen Fischgeruch entwickeln können. Es gibt keine Giftpflanze, mit der man die Große Brennnessel verwechseln könnte. Doch wächst neben der Großen Brennnessel häufig die ebenfalls essbare Kleine Brennnessel *(U. urens)*. Ihre eiförmigen Blätter enden stumpf und nicht in einer Spitze. Auch trägt sie männliche und weibliche Blüten auf einer Pflanze. Blätter und Stängel sind ebenfalls mit Brennhaaren versehen, deren Wirkstoffgemisch, bestehend aus Histamin, Acetylcholin und Ameisensäure, das bekannte Brennen auf der Haut erzeugt.

Breitwegerich

Plantago major **Wegerichgewächse**

H 10–30 cm Juni–Okt. mehrjährig

Merkmale Stängel aufrecht, blattlos. Alle Blätter in einer bodennahen Rosette, breit eiförmig, von 5–9 stark hervortretenden parallelen Adern durchzogen, mit breitem Stiel, meist ganzrandig. Zahlreiche grüne Blüten in einer bis zu 15 cm langen, dichten, walzenförmigen Blütenähre.

Fundort Auf aufgelassenem Ackerland, in Unkrautbeständen an Wegen, auf Wiesen und Weiden, häufig betretenen Rasen und Sportplätzen. Wächst sogar durch Straßenasphalt. Sehr häufige, trittfeste Pflanze.

Ernte und Verwertung Essbar sind die Blätter und die noch nicht aufgeblühten Blütenstände. Die beste Erntezeit für Wegerichblätter ist von April bis Juni. Vor der Blütezeit sind sie zart genug, um roh und fein geschnitten in Salaten verwendet zu werden. Bei älteren Blättern zieht man vor der Verarbeitung die auf der Unterseite hervortretenden Adern ab. So vorbereitet passen sie, ebenfalls fein geschnitten, in Suppen und Gemüsegerichte, auch in Quark- und Frischkäsemischungen. Wegerichblätter sind immer ein wenig bitter. Man sollte sie deshalb nicht alleine verarbeiten. Am besten kommen sie kombiniert mit milder schmeckenden Wildkräutern wie Vogelmiere oder Giersch zur Geltung, auch mit geschmacklich nicht so intensiven Gartengemüsen. Die noch nicht aufgeblühten Blütenstände passen in Öl gebraten zu Reis oder Fisch. Oder sie werden einfach ohne die Blütenstängel als Gemüse gedünstet. In Europa gibt es eine Reihe weiterer essbarer Wegericharten. Dies sind vor allem der Spitz-Wegerich *(P. lanceolata)* mit länglich schmalen, 3–7-nervigen Blättern und einer dichten, eiförmigen, 1–4 cm langen Blütenähre und der Mittlere Wegerich *(P. media)* mit ungestielten, breit herzförmigen, 5–9-nervigen Blättern und einer 2–6 cm langen Blütenähre. Beide Arten haben ein ähnliches Verbreitungsspektrum wie der Breit-Wegerich.

Rotbuche

Fagus sylvatica **Buchengewächse**

H 25–30 m Apr.–Mai Baum

Merkmale Reich verzweigt mit breiter Krone. Rinde glatt, silbergrau. Blätter wechselständig, glatt, glänzend, eiförmig, gestielt, am Rand gewellt. Männliche Blüten als hängende Kätzchen, weibliche in aufrechten Köpfchen. 3-kantige, rotbraune Frucht (Buchecker) in einer stacheligen Hülle, öffnet sich zur Reifezeit mit 4 Klappen. Fruchtreife im September/Oktober. Fruchtet frühestens ab dem 40. Lebensjahr, nur alle 5–8 Jahre.

Fundort Häufiger Baum der Laub- und Laubmischwälder.

Ernte und Verwertung Die Rot-Buche wird schon lange als Nahrungsbaum genutzt. Ihre jungen, hellgrünen, noch zart durchscheinenden Blätter schmecken angenehm säuerlich und passen gut in Salate. Sie werden jedoch schnell hart und sind nur für kurze Zeit in der Küche einsetzbar. Die Bucheckern ergeben ein hochwertiges Öl und passen auch in Soßen und Süßspeisen. Aber sie sollten nicht in Massen roh gegessen werden. Die dünne Schale, die sie umgibt, enthält Fagin, eine Substanz, die Kopfschmerzen und andere Beschwerden auslösen kann. Werden die Bucheckern jedoch vor dem Verzehr von der braunen Haut befreit und geröstet, sind sie bekömmlich.

> Ungenießbarer Doppelgänger

Giftige Doppelgänger hat die Rot-Buche keine. Die **Gewöhnliche Hainbuche S. 117** zeichnet sich durch eine glatte Rinde mit einem breiten, längs verlaufenden Netzmuster aus. Ihre Blätter sind am Rand doppelt gesägt. Sie schmecken ausgesprochen bitter.

Gewöhnliche Fichte

Picea abies **Kieferngewächse**

H 25–50 m Mai–Juni Baum

Merkmale Nadelbaum mit kegelförmigem Wuchs. Stamm gerade, Borke rotbraun bis grau, blättert in dünnen Schuppen ab. Nadeln dunkelgrün, steif und spitz, 4-kantig, sitzen auf kleinen braunen, höckerartigen Nadelkissen. Männliche Blüten gelb, 15–20 mm lang. Weibliche Blüten gelbgrün bis hellrot, 5–6 cm lange, aufrechte Zapfen, die sich nach der Befruchtung abwärts neigen. Reife Zapfen braun, fallen als Ganzes ab.
Fundort Die natürlichen Standorte liegen in Mittelgebirgs- und Gebirgslagen bis in Höhen von 2000 m. Wegen des Holzes oft in niedrigen Lagen aufgeforstet.

Ernte und Verwertung Die hellgrünen Frühlingstriebe am Ende der Fichtenzweige sind ein ungewöhnlicher Genuss. Man sammelt sie nur von April bis Juni, da sie mit zunehmendem Alter sehr schnell sehr hart werden. Junge Fichtentriebe schmecken angenehm säuerlich nach Zitrone. Sie passen als Würze in Salate und zu Fischgerichten. Verarbeitet zu Sirup verleihen sie Sorbets und Quarkspeisen ein ganz besonderes Aroma. Auch die Triebe anderer Nadelbäume sind essbar. Dies gilt besonders für die Weiß-Tanne *(Abies alba)* und die Europäische Lärche *(Larix decidua)*.

> Giftiger Doppelgänger

Die hochgiftige **Europäische Eibe S. 117** sieht ähnlich aus. Sicheres Kennzeichen für die Fichte sind ihre steifen, 4-kantigen, dunkelgrünen Nadeln. Die Nadeln der Eibe sind dagegen weich und biegsam, abgeflacht, oben glänzend dunkelgrün und auf der Unterseite durchgehend gelbgrün.

Weiße Fetthenne, Weißer Mauerpfeffer

Sedum album **Dickblattgewächse**

H 5–20 cm Juni–Okt. mehrjährig

Merkmale Immergrüne Staude. Stängel bogenförmig aufsteigend bis aufrecht, 2–3 mm dick. Blätter wechselständig, dickfleischig, glänzend dunkelgrün, länglich keulenförmig, im Querschnitt rund, stehen fast waagrecht vom Stängel ab. Blüten weiß oder hellrötlich, 6–9 mm im Durchmesser, mit 5 sehr schmalen Blütenblättern.
Fundort In dichten, flachen Rasen auf felsigen Standorten, Mauern und Kiesdächern.
Ernte und Verwertung Pflanzen wie die Fetthenne speichern in ihren dickfleischigen Blättern Wasser und sind damit selbst an trockensten Standorten vor Austrocknung geschützt. Dieser Tatsache verdanken sie wohl ihren wissenschaftlichen Namen. Bereits die Römer nannten solche Pflanzen „Sedum". In Hungerzeiten wurden die säuerlich schmeckenden Blätter oft gegessen. In der heutigen Wildkräuterküche verwertet man nur die jungen Sprosse vor der Blüte und auch nur als würzende Beigabe in Salaten, Suppen, Soßen und Gemüsegerichten. Klein geschnitten ergeben sie zusammen mit Wasser und Honig ein erfrischendes Getränk. In Mittel- und Süddeutschland nennt man den Weißen Mauerpfeffer, wie andere Sedum-Arten auch, Tripmadam.

> Giftiger Doppelgänger

Am gleichen Standort kann man auch den giftigen **Scharfen Mauerpfeffer S. 121** finden, eine Pflanze mit gelben Blüten und ebenfalls fleischigen, aber 3-eckig eiförmigen und oben deutlich abgeflachten Blättern.

Echtes Mädesüß

Filipendula ulmaria **Rosengewächse**
H 50–200 cm Juni–Aug. mehrjährig

Merkmale Pflanze mit intensiv mandelartigem Geruch. Stängel aufrecht, kantig, oft rot überlaufen. Blätter wechselständig, oben dunkelgrün und kahl, unten hell behaart, bestehen aus 2–5 Fiederpaaren und einer Endfieder, große und kleine Teilblättchen wechseln sich ab. Blütenstände aus kleinen gelbweißen Blüten.
Fundort Feuchte Wiesen und Wälder. Auch in dichten Beständen im Ufergebüsch von Mittelgebirgs- und Alpenbächen.
Ernte und Verwertung Früher verwendete man das Echte Mädesüß als Würze für Met, woher sich auch ihr Name ableitet: „Mädesüß" bedeutete damals „Metsüß". Heute wird die Pflanze als Aromamittel gerade wieder entdeckt. Ihre Blüten geben Fruchtweinen, Säften und Süßspeisen eine Geschmacksnote, die an Bittermandel erinnert. Aber es ist ratsam, sie sparsam einzusetzen, da die Speisen und Getränke sonst schnell unangenehm schmecken. Die jungen Blätter genießt man von April bis Juni zusammen mit anderen Frühsommerkräutern in Suppen und Gemüsegerichten. Blätter und Blüten ergeben gemeinsam den bekannten Sonnentee. Dazu übergießt man das blühende Kraut in einem Glaskrug mit Wasser und stellt es für einige Stunden in die Sonne. Nach dem Abseihen hat man ein erfrischendes Getränk. Auch die unterirdische Knolle ist essbar. Sie passt in geringen Mengen zu Kochgemüsen und Kräutersuppen. Die Pflanze ist reich an ätherischen Ölen und Gerbstoffen und enthält daneben Salicylsäure, den Grundbaustein des Schmerzmittels Aspirin. Ein Tee aus ihren getrockneten Blüten wird als Heilmittel bei Erkältungskrankheiten genutzt. Das Echte Mädesüß hat keine giftigen Doppelgänger. Sehr ähnlich ist jedoch das Kleine Mädesüß *(F. vulgaris)*, das an trockenen Standorten wächst und Blätter mit deutlich mehr Fiederpaaren besitzt. Es ist in gleicher Weise zu verwenden.

Waldsauerklee

Oxalis acetosella **Sauerkleegewächse**

H 5–15 cm Apr.–Mai mehrjährig

Merkmale Blätter lang gestielt, kleeähnlich 3-teilig, Teilblättchen herzförmig, ganzrandig, falten sich am Abend zur typischen Schlafstellung zusammen. Besonders bei warmem Wetter kann man diese Reaktion auch auslösen, wenn man die Blättchen mehrmals mit dem Finger berührt. Die weißen Blüten sitzen einzeln an der Spitze langer Stiele, die Blütenblätter kennzeichnen rote Äderchen und ein gelber Fleck am Grund.

Fundort In Laub- und Nadelmischwäldern. Wächst als typische Schattenpflanze selbst an schattigsten Waldstellen. Sehr häufig.

Ernte und Verwertung Der Spätfrühling und der beginnende Frühsommer sind die Zeit des Wald-Sauerklees. Jetzt sammelt man seine säuerlich schmeckenden Blätter und die Blüten. Nach der Blütezeit im Juni ist die Pflanze kein Genuss mehr. Ebenso wenig schmeckt sie in getrocknetem Zustand. Aber ihre frischen Blätter und Blüten passen gut in Salate, die Blätter alleine auch in Suppen und Soßen. Die Pflanze enthält jedoch Oxalsäure und deren Salze. In kleinen Mengen gegessen wirkt sie erfrischend, doch kann sie in größeren Mengen Nieren- und Verdauungsstörungen auslösen.

> Giftiger Doppelgänger

Das giftige **Busch-Windröschen S. 118** wächst am gleichen Standort und blüht zur selben Zeit. Seine Blüten ähneln denen des Wald-Sauerklees, jedoch sind seine Blätter 3–5-teilig und unregelmäßig gezähnt. Beim Wald-Sauerklee sind sie hingegen 3-teilig und ganzrandig.

Kleine Bibernelle

Pimpinella saxifraga **Doldenblütler**

H 15–60 cm Juni–Okt. mehrjährig

Merkmale Stängel rund, fein gerillt, flaumig behaart. Alle Blätter wechselständig, gefiedert, bestehen aus 3–5 Paaren von seitlichen Teilblättchen und einem einzelnen Endblättchen. Teilblättchen im unteren Stängelbereich rundlich bis eiförmig, am Rand gezähnt, im oberen Stängelbereich deutlich schmaler, auch gezähnt. Blütendolde aus 6–25 Strahlen und vielen gelblich weißen oder rosafarbenen Einzelblüten.

Fundort Wiesen, Weg- und Straßenränder, Ufer, steinige Abhänge, Gebüsche.

Ernte und Verwertung Gesammelt werden die jungen Blätter und Sprosse von April bis Juni. Sie schmecken frisch süßlich-scharf, werden beim Kochen jedoch bitter.
Sie eignen sich frisch für Salate, Suppen und Kräutersoßen, vor allem zum Würzen mediterraner Gerichte. So enthält z. B. die Salsa verde, eine italienische grüne Soße, Bibernelle und andere Kräuter. Doch auch in der bekannten Hamburger Aalsuppe fehlt Bibernelle nicht. Die Kleine Bibernelle enthält ätherische Öle, Gerbstoffe und Cumarine. Mit diesen Inhaltsstoffen ist sie ein seit Langem empfohlenes Heilmittel bei Erkältungen.

› Giftiger Doppelgänger

Der hochgiftige **Gefleckte Schierling** **S. 118** blüht zur gleichen Zeit und trägt ebenfalls große weiße Blütendolden. Aber zum Glück macht diese Pflanze mit einem intensiv unangenehmen Geruch nach Mäuseharn auf sich aufmerksam.

Gewöhnlicher Wiesen-Kerbel

Anthriscus sylvestris **Doldenblütler**

H 60–150 cm Apr.–Juli mehrjährig

Merkmale Stängel hohl, kantig, gefurcht, ungefleckt, an der Basis rau behaart, oben glatt. Blätter wechselständig, glänzend dunkelgrün, 2–3-fach gefiedert, riechen zerrieben ein wenig wie unreife Äpfel. Kleine weiße Einzelblüten in einer Blütendolde an der Stängelspitze.

Fundort Im Juni auffälliger Massenblüher auf nährstoffreichen Wiesen, an Gebüsch-, Weg- und Straßenrändern. Wächst bis in Höhenlagen von 2500 m.

Ernte und Verwertung Seine gesunden Inhaltsstoffe wie Vitamin C, Eisen, Magnesium und Carotin machen den Wiesen-Kerbel zu einem hochwertigen Wildkraut. Im Mittelalter wurde er als magen- und leberstärkende Heilpflanze geschätzt. Wiesen-Kerbel hat essbare Blätter und Stängel. Diese werden von Mai bis Juni geerntet, am besten mit einem scharfen Messer. Die Stängel, die im Geschmack an Spargel erinnern, isst man blanchiert. Die Blätter verleihen gebratenem und gedünstetem Fisch einen delikat würzigen Geschmack. Doch Vorsicht: Für den Laien ist Wiesen-Kerbel nicht immer leicht zu erkennen. Wer diese Pflanze nicht eindeutig bestimmen kann, sollte sie auf keinen Fall verwenden.

› Giftige Doppelgänger

Es kommen immer wieder Verwechslungen mit giftigen Doldenblütlern wie dem **Gefleckten Schierling S. 118** und dem **Großen Wasserfenchel S. 108** vor. Da es das eine charakteristische Unterscheidungsmerkmal leider nicht gibt, lässt man beim kleinsten Zweifel am besten die Finger von der Pflanze.

Gewöhnliches Hirtentäschel

Capsella bursa-pastoris **Kreuzblütler**

H 5–50 cm Feb.–Nov. einjährig–zweijährig

Merkmale Dünne, oft sehr tief gehende Wurzel. Stängel aufrecht, dünn. Tief gelappte Grundblätter, die eine Rosette an der Stängelbasis bilden. Wenige ungeteilte Stängelblätter. Kleine weiße Blüten in einem lockeren Blütenstand an der Stängelspitze. Frucht 3-eckig herzförmig, sitzt mit der Herzspitze am Stiel. Kleine gelbe Samen.

Fundort An Weg- und Feldrändern und auf fast allen brachliegenden Bodenflächen.

Ernte und Verwertung Wurzel, Blätter, Blüten und Samen des Hirtentäschels sind essbar und stehen fast ganzjährig zur Verfügung. Am besten schmecken die frischen, jungen, vor der Blüte gesammelten Blätter der Grundrosette. Mit ihrer würzigen, ein wenig kresseartig scharfen Note passen sie vorzüglich in Salate, Quark- und Frischkäsemischungen und auch in Eierspeisen. Ältere, später im Jahr geerntete Blätter sind eher eine Zutat für Suppen und Soßen. Blütenknospen und Blüten machen sich gut in Salaten. Die scharf schmeckenden Samenkörner werden wie Senfkörner gemahlen und als Gewürz verwendet. Einst waren sie der „Pfeffer" armer Leute. Die Wurzel ist im Frühling, solange sich der Blütenstängel noch nicht entwickelt hat, am zartesten. Jetzt kann sie auch roh gegessen werden. Später geerntete Wurzeln werden getrocknet, gemahlen und als Gewürz eingesetzt, das im Geschmack entfernt an Ingwer erinnert. Das Hirtentäschel hat keine giftigen Doppelgänger, ähnelt aber im Aussehen einigen anderen, ebenfalls essbaren Kreuzblütlern wie dem Bauernsenf *(Teesdalia nudicaulis)* oder dem Acker-Hellerkraut *(Thlaspi arvense)*. Seine Grundblattrosetten erinnern an die des Löwenzahns. Ist man sich nicht sicher, welche dieser Pflanzen man vor sich hat, probiert man einfach ein Blattstückchen. Das Hirtentäschel erkennt man dann an seinem typisch kresseähnlichen Geschmack.

Waldmeister

Galium odoratum **Rötegewächse**

H 5–25 cm Apr.–Mai mehrjährig

Merkmale Gewürzstaude, die beim Welken intensiv süß duftet. Stängel glatt, 4-kantig, unverzweigt. Blätter lang und schmal, zugespitzt, am Rand rau, stehen in Quirlen zu 6–8 stockwerkartig übereinander. Blüten klein, weiß, trichterförmig, bilden einen schirmartig ausgebreiteten Blütenstand an der Stängelspitze.

Fundort Sehr häufig und in großen Beständen in schattigen Buchenwäldern. Fehlt auf kalkarmen Böden.

Ernte und Verwertung Waldmeister ist weder essbar noch frisch gepflückt zu verwenden. Aber welk oder angetrocknet und vor der Blüte gesammelt ist die ganze Pflanze ein bekannter Aromaspender für Getränke und Süßspeisen. Der typische Waldmeistergeruch entsteht erst beim Trocknen und wird durch Cumarin verursacht. Bekannt wurde Waldmeister vor allem als Geschmacksstoff in der Maibowle. Waldmeisterbowle hat in Deutschland eine lange Tradition. Sie wird bereits in Kochbüchern des 19. Jahrhunderts erwähnt. Doch ganz unbedenklich ist sie wegen ihres Cumaringehalts nicht. In größeren Mengen genossen verursacht sie Kopfschmerzen, Übelkeit, Schwindel und auch Sehstörungen.

> Ungenießbarer Doppelgänger

Beim Sammeln kommt es immer wieder zu Verwechslungen mit dem **Wald-Labkraut** **S. 120**. Doch ist diese Pflanze deutlich größer und weist einen runden, verzweigten Stängel auf. Weitere Sicherheit beim Bestimmen gibt eine Riechprobe: Die Blätter des Wald-Labkrauts riechen zerrieben unangenehm nach Lack.

Magerwiesen-Margerite

Leucanthemum vulgare **Korbblütler**

H 20–90 cm Mai–Okt. mehrjährig

Merkmale Stängel aufrecht, wenig verzweigt, hart, etwas behaart. Grundblätter mit Blattstiel, spatelförmig, am Rand gezähnt. Stängelblätter ohne Blattstiel, lang und schmal, gezähnt bis gelappt. Großes Blütenköpfchen aus langen gelben Röhrenblüten in der Mitte und weißen Zungenblüten am Rand.

Fundort Wächst auf Wiesen, Weiden, an neuangelegten Straßen und grasigen Böschungen. Gedeiht auf allen Böden, die nicht zu nass und nährstoffarm sind.

Ernte und Verwertung Weil die Magerwiesen-Margerite an neu angelegten Straßen oft als Erste und in großen Beständen auftritt, wird sie volkstümlich auch „Wucherblume" genannt. Anfang März bringt die Pflanze zarte, aromatisch schmeckende Sprosse hervor. Diese jungen Frühlingssprosse werden gesammelt, solange sie noch kleine Büschel bilden. Sie ergeben, einfach über Dampf gegart, ein hervorragendes Gemüse, schmecken auch frittiert und natürlich roh im Salat. Ältere Blätter eignen sich nicht so gut für eine Verwendung in der Küche. Sie sind hart und häufig auch bitter. Die Blütenköpfe lassen sich als essbare Dekoration für Salate und kalte Platten nutzen.

> Giftige Doppelgänger

Vor der Blüte ist eine Verwechslung mit dem **Jakobs-Greiskraut S. 122** möglich. Doch sind dessen Blätter größer und tiefer gelappt. Zur Blütezeit ist eine Verwechslung mit dem **Mutterkraut S. 120** denkbar, das jedoch unangenehm nach Kampfer riecht.

Schafgarbe

Achillea millefolium **Korbblütler**

H 15–60 cm Juni–Okt. mehrjährig

Merkmale Angenehm würzig riechende Pflanze. Stängel aufrecht, meist unverzweigt, kantig, in Bodennähe kahl, im oberen Bereich dicht behaart. Blätter wechselständig, tief in viele kleine, schmale Abschnitte unterteilt. Blüten weiß oder hellrosa, bilden einen flachen Blütenstand an der Stängelspitze.

Fundort Wiesen, Feldraine, Wegränder.

Ernte und Verwertung Die Blätter der Schafgarbe schmecken zu Beginn des Frühlings am besten. Sie sollten geerntet werden, bevor der Blütenstängel emporwächst. So sind sie zart und mild und bereichern jeden Salat. Auch als feine Würze für Eintöpfe, Quark- und Käsemischungen oder Kräuterbutter lassen sie sich verwenden. Ebenso sind sie für das Aromatisieren von Essig, Öl und Salz geeignet. Ältere und voll entwickelte Blätter sind meist hart und auch ein wenig bitter. Sie werden getrocknet und in kleinen Mengen als Gewürz an Fleisch- und Gemüsegerichte gegeben. Früher hat man in Nord- und Mitteleuropa mit den Blättern sogar Bier gewürzt. Die Blüten aromatisieren Likör und Saft. Ein Tee dieser aromatischen Pflanze wird in der Naturheilkunde bei Magenbeschwerden eingesetzt.

› Giftige Doppelgänger

Vor der Blütezeit besteht eine gewisse Gefahr, die jungen Blätter der Schafgarbe mit denen des **Gefleckten Schierlings S. 118** oder denen des **Rainfarns S. 131** zu verwechseln. Typisch für Schafgarbenblätter und -blüten ist ein intensiver, angenehm würziger Duft. Rainfarn und Schierling riechen unangenehm.

Acker-Senf

Sinapis arvensis **Kreuzblütler**

H 20–60 cm Mai–Okt. einjährig

Merkmale Stängel aufrecht, oft verzweigt. Blätter wechselständig, graugrün, im unteren Stängelbereich gestielt, tief gelappt. Obere Blätter sitzen dem Stängel an, sind ungeteilt und gezähnt. Schwefelgelbe Blüten in einem halbkugeligen Blütenstand an der Stängelspitze, 4 Blütenblätter, Kelchblätter stehen waagrecht ab (wichtiger Unterschied zu den aufgerichteten Kelchblättern des ansonsten ähnlichen essbaren Hederichs, S. 17). Frucht eine 2–4 cm lange Schote mit schnabelförmigem Fortsatz, enthält schwarze Samen.

Fundort Häufiges Ackerwildkraut. Wächst auch in Gärten und auf Brachland.

Ernte und Verwertung Acker-Senf gehört zu den Wildkräutern, denen auch ein massiver Herbizideinsatz in der Landwirtschaft kaum geschadet hat. Seine Samen bleiben bis zu 50 Jahre keimfähig. In der Wildkräuterküche werden die jungen Blätter vor der Blüte verwendet, die Blütenknospen während der gesamten Vegetationsperiode und die Samen, sobald die Schoten reif sind und aufspringen. Die Blätter passen in Salate und Gemüsemischungen. Aus den Blütenknospen macht man ein brokkoliähnliches Gemüse, aus den Samen deftigen Senf.

› Giftige Doppelgänger

Der ähnliche, giftige **Acker-Schöterich S. 111** kommt im gleichen Lebensraum vor. Doch hat dieser ausschließlich ungeteilte, längliche Blätter. Der giftige **Goldlack S. 121**, eine verwilderte Zierpflanze, hat bräunlich gelbe Blüten mit Veilchenduft und ganzrandige Blätter.

Schwarzer Senf

Brassica nigra **Kreuzblütler**

H 60–120 cm Juni–Sept. einjährig

Merkmale Stängel aufrecht, fein gerillt, in Bodennähe kurz behaart. Blätter gestielt, wachsen im unteren Stängelbereich büschelig, tief eingeschnitten in 1–4 unregelmäßig gezähnte Abschnitte, vorderster Blattabschnitt deutlich größer als die anderen. Blätter im oberen Stängelbereich länglich und ganzrandig. Gelbe Einzelblüten mit 4 kreuzförmig angeordneten Blütenblättern, bilden längliche Trauben am Stängelende. Kleine, fast runde dunkelbraune Samen.
Fundort Heimat ist das Mittelmeergebiet. Seit der Römerzeit in Mitteleuropa kultiviert, heute verwildert als typischer Besiedler von Brachland, Feldrainen und Wegrändern. Braucht nährstoff- und kalkreiche Böden.
Ernte und Verwertung Den Schwarzen Senf sammelt man am besten im Frühling und genießt seine vitamin- und mineralstoffreichen Blätter und Blütenknospen als scharfe, würzige Beigabe in Salaten. Ältere, später gesammelte Blätter ergeben gekocht ein sättigendes Gemüse mit einem ausgeprägt kohlähnlichen Geschmack. Aus den gemahlenen Samenkörnern bereitet man zusammen mit Wasser, Essig und Salz, einer Spur Pfeffer und Gewürznelkenpulver einen scharfen Senf.

> Giftige Doppelgänger

Der ähnliche, giftige **Acker-Schöterich S. 111** kommt im gleichen Lebensraum vor. Doch hat dieser ausschließlich ungeteilte längliche Blätter. Der giftige **Goldlack S. 121** hat bräunlich gelbe Blüten mit Veilchenduft und ebenfalls ausschließlich ganzrandige Blätter.

Gemüse-Gänsedistel

Sonchus oleraceus **Korbblütler**
H 30–90 cm Juni–Okt. einjährig

Merkmale Pflanze mit weißem Milchsaft. Stängel aufrecht, verzweigt, hohl. Blätter wechselständig, mattgrün, weich, mit rötlich gefärbtem Mittelnerv und spitzem, aber nicht stechend stachelig gezähntem Rand. Die Blätter umfassen den Stängel mit pfeilförmig zugespitzten Fortsätzen, Öhrchen genannt. Hellgelbe Blütenköpfchen, bestehen nur aus Zungenblüten.
Fundort Weit verbreitetes und häufiges Wildkraut auf Brachland aller Art, an Wegrändern, in Feldern und Gärten. Immer auf nährstoffreichen Böden.
Ernte und Verwertung Früher nannte man diese Pflanze „Gänsedistel" oder „Saudistel", da sie eine beliebte Futterpflanze war. Sie wurde aber auch damals schon als nahrhafte Gemüsepflanze in der Wildkräuterküche geschätzt und in Gärten angepflanzt. Ihr Beiname „oleraceus" für „gemüseartig" macht dies deutlich. Heute ist die Kohl-Gänsedistel aus der Wildkräuterküche nicht mehr wegzudenken. Ihre jungen Blätter und Stängel schmecken zart und süß. Kurz blanchiert und fein geschnitten passen sie wunderbar in frische Salate. Die voll entwickelten Blätter werden in Gemüsegerichten, Aufläufen und Suppen verarbeitet.

> Giftige Doppelgänger

Der **Gift-Lattich S. 122** ist größer und riecht dumpf nach Mohn. Seine Blätter sind hart, steif und unten auf dem Mittelnerv stachelig. Die sehr häufige, ungenießbare **Raue Gänsedistel S. 123** hat derbe, stechend stachelig gezähnte Blätter, die extrem bitter schmecken.

Wiesen-Bocksbart

Tragopogon pratensis **Korbblütler**

H 30–70 cm Mai–Juli einjährig–mehrjährig

Merkmale Pflanze mit Milchsaft. Lange, dicke Pfahlwurzel, außen bräunlich. Stängel aufrecht, graugrün, glatt. Blätter ungestielt, graugrün, grasähnlich schmal, ganzrandig. Je eine gelbe, sternartige Blüte pro Stängel öffnet sich in den frühen Morgenstunden, schließt sich bereits mittags wieder, gleicht abgeblüht einer großen Pusteblume.

Fundort Gut gedüngte Wiesen, Wegränder.

Ernte und Verwertung Diese Art war schon immer Gemüsepflanze. Genutzt wurden und werden die jungen Blätter und Stängel, die Blütenknospen und die Wurzel. Junge Blätter und Stängel sammelt man vom Frühling bis zum Hochsommer. Sie passen roh in Salate, aber auch gekocht in Wildgemüsemischungen. Die Knospen der Blütenköpfe kann man als falsche Kapern sauer einlegen. Sie sollten aber nicht mit den ähnlich aussehenden, jedoch ungenießbaren Fruchtständen verwechselt werden. Die Wurzel erinnert im Geschmack an Schwarzwurzel. Geerntet wird sie am besten im Herbst des 1. und im Frühjahr des 2. Lebensjahrs der Pflanze. Geschält und klein geschnitten kann man sie roh einem Salat beimengen, aber auch als Wurzelgemüse kochen.

> Giftiger Doppelgänger

Eine Verwechslung mit dem **Schwarzen Bilsenkraut S. 130** ist nur im Frühling möglich, wenn die Wurzel ausgegraben wird. Zu diesem Zeitpunkt sind die Blätter beider Pflanzen noch nicht voll entwickelt. Hauptsächliches Identifikationsmerkmal des Bilsenkrauts ist nun sein überaus unangenehmer Geruch.

Schlangen-Knöterich, Wiesen-Knöterich

Bistorta officinalis **Knöterichgewächse**
H 30–120 cm Mai–Aug. mehrjährig

Merkmale Stängel hohl, unverzweigt. Blätter wechselständig, länglich eiförmig, im unteren Stängelbereich gestielt, oben sitzen sie direkt dem Stiel an. Dichter, walzenförmiger Blütenstand, etwa 1 cm dick und 5 cm lang.
Fundort Bevorzugt kalkarme, nährstoffreiche Lehmböden. Wächst von der Ebene bis in 1800 m Höhe in feuchten Wiesen, an Bachufern, in Auwälder. Tritt an seinen Standorten oft in dichten Beständen auf.
Ernte und Verwertung Der Schlangen-Wiesenknöterich leitet seinen Namen vom schlangenförmig gekrümmten Wurzelstock ab. Dieser enthält zwar viel Stärke, aber auch reichlich Gerbstoffe, die ihn für eine Verwendung in der Küche ungeeignet machen. Besser lassen sich die großen Blätter verarbeiten. Sie sind reich an Mineralstoffen und machen den Schlangen-Wiesenknöterich zu einer der wichtigsten Wildgemüsepflanzen. Sie werden von Mai bis Oktober gesammelt. Solange sie noch jung sind, passen sie in gemischte Salate, auf Kartoffeln, Nudeln oder Reis. Später verarbeitet man sie in Gemüsegerichten. Besonders gut schmecken sie in einer Mischung aus Brennnessel, Wegerich und Vogelmiere.

> Ungenießbare Doppelgänger

Der **Wasserpfeffer-Knöterich S. 124** hat lange, zierliche Blütenstände aus rosafarbenen oder weißen Einzelblüten. Seine Blätter schmecken beim Kauen brennend scharf. Den **Floh-Knöterich S. 123** kennzeichnen länglich-schmale, häufig dunkel gezeichnete Blätter, die ebenfalls sehr scharf schmecken.

Großer Sauerampfer

Rumex acetosa **Knöterichgewächse**

H 30–100 cm Mai–Aug. mehrjährig

Merkmale Stängel gefurcht, im unteren Bereich oft rötlich überlaufen. Blätter wechselständig, dick und derb, lang gestreckt und schmal, im unteren Stängelbereich lang gestielt, oben ungestielt. Stängel und Blätter schmecken zitronenähnlich sauer. Winzige rote Blüten in langen, dichten Blütenrispen.
Fundort Große Bestände auf feuchten, nährstoffreichen Wiesen, an Ufern, Gräben.
Ernte und Verwertung Den unverwechselbaren Geschmack von Sauerampfer kennt jeder. Wegen ihres hohen Vitamin-C-Gehalts ist die Pflanze nicht nur bei uns ein beliebtes Wildgemüse. In Frankreich gehört Sauerampfer neben Estragon, Schnittlauch und Kerbel zu den hochgeschätzten Küchenkräutern. Der Sternekoch Paul Bocuse hat ihn mit seiner „Soupe à l'oseille" weltberühmt gemacht. Am besten schmecken die zarten, im Frühling vor der Blüte geernteten Blätter. Generell kann man Sauerampfer aber während des ganzen Sommers ernten. Die Bandbreite seiner Verwendungsmöglichkeiten ist groß. Sauerampferblätter schmecken roh und fein geschnitten im Quark und auf Butterbrot. Sie passen in Salate, zu vielen Suppen, Gemüse- und Kartoffelgerichten und bereichern in Soßen vor allem Fischgerichte. Aber Vorsicht: Die Blätter enthalten Oxalsäure und Kaliumoxalat und sollten roh nicht in größeren Mengen gegessen werden. Menschen mit Neigung zu Blasen- und Nierensteinen verzichten besser darauf. Der Große Sauerampfer hat keine giftigen oder ungenießbaren Doppelgänger. Verwechseln könnte man die Pflanze mit dem Kleinen Sauerampfer *(R. acetosella)*, der aber nur 5–20 cm hoch wird und eher an trockenen, sandigen, nährstoffarmen Standorten wächst. Ähnlich sind auch einige andere Ampferarten, so z. B. der Krause Ampfer *(R. crispus)*, der aber nicht rot, sondern grünbraun blüht und dessen Blätter am Rand wellig gekräuselt sind. Alle Ampferarten können in der Küche verwendet werden.

Vogelknöterich

Polygonum aviculare **Knöterichgewächse**

H 10–50 cm Juni–Okt. einjährig

Merkmale Stängel am Boden liegend oder aufgerichtet, reich verzweigt, gerillt. Blätter wechselständig, schmal oval, bis zu 3 cm lang, kurz gestielt oder dem Stängel ansitzend. Blüten rosafarben, selten auch grünlich oder weiß, sitzen in lockeren Blütenständen in den Blattachseln.

Fundort Wege, Feld- und Wegränder, Gärten und Brachland. Lebt als trittfeste Art selbst zwischen Steinen auf Gehwegen. Häufige, stickstoffliebende Pflanze.

Ernte und Verwertung Gesammelt werden die jungen Blätter und Stängel, am besten von Mai bis Juni. Die frischen Blätter passen fein geschnitten als herb-würzig schmeckende Zugabe in einen Salat, in Gemüsegerichte und Kräutersuppen und runden zusammen mit kräftigem Porree auch einen Pfannkuchenteig ab. In Verbindung mit Löwenzahn, Wegerich und anderen Wildkräutern würzen sie ebenso gut gebratenen und gedünsteten Fisch. Der Vogelknöterich enthält bis zu 1 % seines Trockengewichts Kieselsäure, außerdem Gerb- und Schleimstoffe und ätherisches Öl. Er ist eine alte Heilpflanze, dessen getrocknete Blätter noch heute als Bestandteil von Husten- und Bronchialtees genutzt werden.

> Ungenießbare Doppelgänger

Die jungen Blätter des Acker-Vogelknöterichs könnten mit denen des **Floh-Knöterichs S. 123** und des **Wasserpfeffer-Knöterichs S. 124** verwechselt werden. Im Zweifelsfall hilft eine Kostprobe eines kleinen Blattstückchens. Die Doppelgänger erkennt man dann am brennend scharfen Geschmack.

Kleiner Wiesenknopf

Sanguisorba minor **Rosengewächse**

H 20–70 cm Mai–Juni mehrjährig

Merkmale Stängel am Boden liegend oder aufrecht, kantig, nur im oberen Teil schwach verzweigt. Grund- und Stängelblätter gefiedert. Jedes Blatt besteht aus 9–25 rundlichen bis ovalen Teilblättchen, alle am Rand grob gezähnt. Blüten in einem runden Köpfchen am Ende der Stängel, zunächst grün, später rötlich überlaufen.

Fundort Trockene, nährstoffarme Wiesen, Böschungen und Wegränder.

Ernte und Verwertung Lange bevor Petersilie für die Küche entdeckt wurde, hat man mit den Blättern des Kleinen Wiesenknopfs Salate, Gemüsegerichte, Suppen und Soßen aromatisiert. Noch Anfang des 20. Jahrhunderts fehlte die Pflanze in kaum einem Gemüsegarten. Heute steht sie vor allem als Wildkraut zur Verfügung, deren Blätter während der gesamten Vegetationsperiode gesammelt werden können. Am besten sind natürlich die Frühlingsblätter. Später im Jahr nimmt man die zartgrünen Blättchen ganz im Inneren der Rosette. Der Kleine Wiesenknopf ist eine Würzpflanze, die nur frisch verwendet werden sollte. Denn getrocknet oder gekocht verlieren seine Blätter ihr zartes, gurkenähnliches Aroma. Es gibt keine Giftpflanzen, mit denen man den Kleinen Wiesenknopf verwechseln könnte. Verwechslungsmöglichkeiten bestehen nur mit ebenfalls essbaren Arten. Das ist zum einen der Große Wiesenkopf *(S. officinalis)* und zum anderen, allerdings nur vor der Blüte, die Kleine Bibernelle (*Pimpinella saxifraga*, S. 43), ein Doldenblütler. Der Große Wiesenknopf ist mit 30–100 cm Höhe deutlich größer, seine Blütenköpfe sind dunkelrot bis braunrot, seine Teilblättchen länglich, auch zäher und weniger aromatisch als die des kleinen Verwandten. Er wächst verbreitet auf feuchten Wiesen. Die Kleine Bibernelle besitzt deutlich kleinere, nur aus 3–5 Teilblättchenpaaren bestehende Blätter, die im Geschmack an Borretsch erinnern.

Echter Beinwell

Symphytum officinale **Raublattgewächse**

H 30–90 cm Mai–Sept. mehrjährig

Merkmale Stängel kräftig, hohl, borstig behaart. Grundblätter in Büscheln, Stängelblätter wechselständig, lang und schmal, an der Unterseite mit groben Adern, laufen am Stängel herab, beide rau behaart, ganzrandig. Glockenförmige, hängende Blüten in einem traubenähnlichen Blütenstand. Blütenblätter rosaviolett oder gelbweiß.
Fundort Verbreitet in Sumpfwiesen, an Seeufern, Wegrändern, schattigen Hecken.
Ernte und Verwertung Die Bezeichnung „officinale" im wissenschaftlichen Namen deutet schon an, dass der Arznei-Beinwell eine alte Heilpflanze ist. Er enthält hochwertige Pflanzeneiweiße, Vitamine, Gerbstoffe und Allantoin. Zu Salben verarbeitet hemmen diese Inhaltsstoffe Entzündungen und heilen Wunden. In der Küche werden nur die Blätter verwendet, jüngere als hervorragende Salatbeigabe, ältere wegen ihrer borstigen Behaarung nur gedünstet in Gemüsegerichten. Wer den Beinwell nicht genau kennt, sollte am besten nur blühende Pflanzen sammeln. Dann ist er unverwechselbar. Wer ganz sicher gehen will, pflanzt ihn im eigenen Garten an. Er braucht feuchte, nährstoffreiche Erde und einen halbschattigen Platz.

› Giftiger Doppelgänger

Vor der Blüte besteht die Gefahr, die Blätter des Beinwells mit denen des **Roten Fingerhuts S. 124** zu verwechseln. Der am einfachsten zu erkennende Unterschied: Die Blätter des Fingerhuts fühlen sich weich und samtig an, die des Beinwells rau, fast borstig.

Große Klette

Arctium lappa **Korbblütler**

H 50–150 cm Juli–Sept. zweijährig

Merkmale Kräftige Pfahlwurzel, die bis zu 70 cm in den Boden reicht. Stängel kräftig, gefurcht, mit Mark gefüllt. Blätter groß, breit herzförmig, gestielt, Blattstiel markig. Grundblätter bis 50 cm lang und 40 cm breit. Stängelblätter wechselständig, kleiner als die Grundblätter, beide auf der Unterseite mit weißem Haarbelag, ganzrandig. Purpurrote Röhrenblüten in einem kugeligen Köpfchen, Durchmesser 3–3,5 cm, Einzelblüten mit hakig gekrümmten Hüllblättern.
Fundort Wächst verbreitet und häufig an Weg- und Straßenrändern, Zäunen, auf Brachland.

Ernte und Verwertung Die Wildkräuterküche nutzt die jungen Sprosse, Blattstängel und Wurzeln, jedoch keine Blätter, da diese einfach zu bitter sind. Die frisch ausgetriebenen Sprosse und die geschälten Blattstängel werden entweder als knackiges Gemüse roh gegessen oder gekocht wie Spargel genossen. Eine besondere Delikatesse ist das enthaltene Mark. Es schmeckt mild und nussartig. Klettenwurzeln werden vom Herbst des 1. Lebensjahrs bis zum Frühling des 2. Jahrs geerntet. In dieser Zeit sind sie noch zart und können roh, gekocht oder gebraten gegessen werden.

› Giftige Doppelgänger

Bei der Ernte junger Pflanzen könnte es zu Verwechslungen mit der **Echten Tollkirsche S. 127** und der **Gewöhnlichen Pestwurz S. 114** kommen. Der Unterschied: Die Tollkirsche hat eiförmig zugespitzte Blätter, die Pestwurz am Rand grob gezähnte.

Gundermann, Gundelrebe

Glechoma hederacea **Lippenblütler**

H 5–20 cm März–Juni mehrjährig

Merkmale Würzig duftende Pflanze. Stängel 4-kantig, kriecht im unteren Teil über den Boden, richtet sich nur an den Blütenspitzen auf. Blätter gegenständig, gestielt, herzförmig bis rundlich, am Rand gekerbt. Blüten rotviolett oder blau, sitzen zu 2–3 in den Achseln der Blätter.

Fundort Wächst auf Grünland aller Art: auf feuchten Wiesen, an Weg-, Wald- und Heckenrändern, Gewässerufern. Bevorzugt nährstoffreiche, frische bis nasse Böden.

Ernte und Verwertung Diese Wildpflanze enthält ätherische Öle, Vitamine und gesunde Bitterstoffe. Beim Zerreiben zwischen den Fingern riecht man sofort ihr intensives Aroma. Man sammelt die jungen Blätter und Sprosse, am besten vor der Blüte, jedoch maximal bis Juni. Werden sie später geerntet, können sie einen leicht scharfen Nachgeschmack entwickeln. Gundermannblätter würzen fein geschnitten und sparsam dosiert Salate, Suppen, Kartoffelgerichte, Kräuterquark und Kräuterbutter. Bis ins 17. Jahrhundert hat man Gundermann auch als Bierwürze verwendet. Bei den Engländern war dieses Gundermannbier so beliebt, dass sie ihre Gasthöfe „Gillhouses = Gundermannhäuser" nannten.

> Giftiger Doppelgänger

Ebenfalls an feuchten Standorten wächst die giftige **Polei-Minze S. 132** mit eiförmig elliptischen, ganzrandigen Blättern, die beim Zerreiben einen typischen Minzgeruch entwickeln. Ihre Blüten stehen gehäuft und nicht nur zu 2–3 in den Blattachseln.

Wiesensalbei

Salvia pratensis **Lippenblütler**
H 30–60 cm Mai–Aug. mehrjährig

Merkmale Aromatisch duftende Pflanze. Stängel hohl, 4-kantig, behaart. Grundblätter in einer bodennahen Rosette. Stängelblätter gegenständig, kleiner als die Grundblätter. Alle Blätter behaart, runzelig, eiförmig bis länglich, zugespitzt, am Rand gekerbt. Blauviolette Blüten, sitzen in Gruppen zu 4–8 in Stockwerken übereinander, bestehen aus helmförmiger und seitlich zusammengedrückter Oberlippe und 3-teiliger Unterlippe. Blütenkelch braun, gefurcht.
Fundort Trockene, warme Wiesen, Böschungen, Weg- und Gebüschränder. Fehlt auf kalkarmen Böden.
Ernte und Verwertung Diese sonnenliebende Pflanze enthält in ihren Blättern und Blüten ätherische Öle. Sie wird in der Wildkräuterküche zum Würzen von Speisen verwendet, da sie sparsam dosiert viele Gerichte zu einem Erlebnis macht. Die beste Sammelzeit für die Blätter sind die Monate Mai und Juni, für die Blüten die gesamte Blütezeit. Salbeiblätter haben einen intensiven, leicht bitteren Geschmack. Frisch oder getrocknet sind sie ein bekanntes und beliebtes Gewürz für Fleisch und Fisch, geben aber auch Salaten und Quark- und Frischkäsemischungen den richtigen Geschmack. Auch einfach in Öl gebraten sind sie eine Delikatesse. Salbeiblüten ergeben einen wunderbaren Sirup, sie aromatisieren Essig und Öl, Buttermischungen und kalte Soßen, eignen sich aber auch zum Verzieren von Süßspeisen. Die bekannten Salbeipfannkuchen sind ein leichtes und köstliches Frühsommergericht. Doch vor der Verwendung müssen Salbeiblüten von Blütenstiel und Blütenkelch befreit werden. Wiesen-Salbei ist einer der bekanntesten Lippenblütler. Er kann kaum mit anderen Pflanzen verwechselt werden. Ähnlich ist nur der in Gärten angebaute Echte Salbei *(S. officinalis)*. Doch ist dieser lediglich selten und auch nur in wärmsten Lagen verwildert anzutreffen.

Guter Heinrich, Wilder Spinat

Blitum bonus-henricus **Fuchsschwanzgewächse**

H 10–50 cm Mai–Aug. mehrjährig

Merkmale Stängel unverzweigt, hohl, gerillt. Blätter lang gestielt, 3-eckig pfeilförmig, bis zu 10 cm lang, ganzrandig, gewellt, wirken wie mit Mehl bestäubt. Kleine grüne Blüten in einer dichten Ähre an der Stängelspitze.

Fundort Zu finden auf Feldern, Viehweiden, an Straßenrändern, in Gärten. War früher die häufigste Pflanze an Dorfstraßen, geht heute mehr und mehr zurück.

Ernte und Verwertung „Gut" wird diese Pflanze genannt, weil sie seit Langem ein wertvolles Blattgemüse liefert. Aber sie hat mit ihren jungen Blütenständen, die zart wie Spargel schmecken, noch mehr zu bieten. Die Blütenstände werden von April bis September gesammelt, die Blätter vom Mai bis in den Herbst. Die jungen Frühlingsblätter schmecken im Salat, ältere Blätter kocht man besser. Sie lassen sich in Strudelfüllungen mischen, in Gemüseaufläufe geben und zu Gemüsesuppen verarbeiten. Die Blütenstände schmecken am besten über Dampf gegart und mit flüssiger Butter angerichtet. Aber die Pflanze enthält neben vielen Vitaminen und Mineralen auch Oxalsäure. Personen mit Nierenerkrankungen meiden sie daher besser.

> Giftige Doppelgänger

Gefährlich ist eine Verwechslung mit den Blättern des **Gefleckten Aronstabs S. 127**. Doch diese Pflanze wächst in feuchten Wäldern, ihre Blätter wirken nicht mehlig wie die des Guten Heinrichs. Den ungenießbaren **Stinkenden Gänsefuß S. 126** zeichnet ein widerlicher, fauliger Geruch aus.

Weißer Gänsefuß

Chenopodium album **Fuchsschwanzgewächse**

H 10–200 cm Juli–Sept. einjährig

Merkmale Die ganze Pflanze sieht aus wie mit Mehl bestäubt. Stängel leicht gefurcht, manchmal rötlich überlaufen, kaum verzweigt. Blätter wechselständig, oval bis rhombenförmig, oben dunkelgrün, unten hell, manchmal am Rand gezähnt, geruchlos. Blattstiel etwa 2 cm lang, dünn, leicht gefurcht. Winzige grüne Blüten in ährenartigen, schmalen Blütenständen. Schwarze, glänzende, kreisrunde, etwa 1 mm große Samenkörner. Samenreife Juli bis Oktober.

Fundort Felder, Gärten, Wegränder, Dorfstraßen. Häufig.

Ernte und Verwertung Für viele ist der Weiße Gänsefuß nicht mehr als ein lästiges Unkraut. Aber die Wildkräuterküche schätzt ihn, da er reichlich pflanzliches Eiweiß, Eisen, Calcium und die Vitamine A und C enthält. Doch trotz dieser wertvollen Inhaltsstoffe sollte man die Pflanze nicht im Übermaß essen, denn sie enthält auch Oxalsäure. Blätter und Sprosse werden von Mai bis in den September gesammelt. Im Frühling nimmt man die ganze Pflanze, später nur die Spross-Spitzen. Sie werden als Gemüse genutzt, passen aber auch in Suppen und Salate. Aus den Samen kocht man Grütze oder mischt sie gemahlen in den Brotteig.

› Giftige Doppelgänger

In unserer Flora gibt es eine Reihe ähnlich aussehender Gänsefußgewächse, die aber unangenehm riechen und schmecken. Für die Küche unbrauchbar sind insbesondere **Bastard-Gänsefuß S. 125**, **Stinkender Gänsefuß S. 126** sowie **Mauer-Gänsefuß S. 126.**

Spreizende Melde

Atriplex patula **Fuchsschwanzgewächse**
H 30–150 cm Juli–Okt. einjährig

Merkmale Auffallend abstehende Seitenäste. Stängel aufrecht, kräftig, gerillt, reich verzweigt. Blätter wechselständig, oval bis rautenförmig, 3–10 cm lang, 1–4 cm breit, zugespitzt, am Rand glatt bis wenig gezähnt. Grünliche Blüten in kleinen Knäueln. Kleine bräunliche oder schwarze Samen.
Fundort Verbreitet und häufig auf nährstoffreichen, lehmigen Böden von Feldern, Gärten, Wegrändern.
Ernte und Verwertung Von angenehm würzig bis leicht pelzig wird der Geschmack dieser verbreiteten Wildgemüsepflanze beschrieben. Gesammelt werden nur Blätter und Sprosse junger Pflanzen in den Monaten Mai bis Juli. Angemacht mit Estragonessig, Öl, Salz und wenigen fein gehackten Zwiebeln ergeben sie einen erfrischenden Salat. Gedünstet eignen sie sich als mildernde Beigabe zu kräftigeren Wildgemüsearten. Verwendet man sie beispielsweise mit Sauerampfer, so schwächen sie dessen Säure ab. Die Samen, von September bis Oktober geerntet, werden zu Mehl vermahlen und in den Brotteig gemischt. Diese Melde ist dem Weißen Gänsefuß sehr ähnlich. In manchen Gegenden tragen beide Pflanzen auch die gleichen volkstümlichen Namen.

> Giftige Doppelgänger

In unserer Flora gibt es eine Vielzahl ähnlich aussehender Gänsefußgewächse, die unangenehm riechen und schmecken. Unbrauchbar für die Küche sind insbesondere **Bastard-Gänsefuß S. 125, Stinkender Gänsefuß S. 126** sowie **Mauer-Gänsefuß S. 126.**

Zurückgekrümmter Fuchsschwanz

Amaranthus retroflexus **Fuchsschwanzgewächse**

H 20–120 cm Juni–Sept. einjährig

Merkmale Stängel hellgrün, aufrecht, gefurcht, oft rötlich überlaufen. Blätter graugrün, lang gestielt, oval bis rautenförmig, bis zu 12 cm lang und 3–5 cm breit, zugespitzt, mit glattem oder welligem Rand. Fuchsschwanzähnlicher Gesamtblütenstand aus ährenartigen Teilblütenständen. Einzelblüten klein, hellgrün. Kleine abgeflachte, schwarz glänzende Samen.

Fundort Brachliegende Felder, Müllplätze und auch Gärten. Braucht lockere, nitratreiche Böden in sommerwarmen Lagen.

Ernte und Verwertung Dieser Fuchsschwanz wurde um die Mitte des 19. Jahrhunderts aus Nordamerika nach Europa eingeschleppt. Mittlerweile hat er sich hier behauptet und wächst in klimabegünstigten Lagen auch in großen Beständen. Die Wildkräuterküche nutzt seine eiweißreichen Blätter, gesammelt von Juni bis September, und seine von August bis Oktober geernteten Samen. Die Blätter sind eine ideale Grundlage für Gemüsegerichte, Suppen und Aufläufe. Das Mehl aus den Samen ergibt delikate Pfannkuchen, gemischt mit Roggenmehl eignet es sich zum Brotbacken. Unter der Bezeichnung „Amaranth" findet man die Samen auch in vielen Müslimischungen.

› Giftiger Doppelgänger

Die Blätter dieses Fuchsschwanzes schmecken am besten kurz vor der Blüte. Doch gerade jetzt besteht die Gefahr, sie mit den Blättern schwach giftiger Gänsefußgewächse wie dem **Stinkenden Gänsefuß S. 126** zu verwechseln. Riecht die Pflanze unangenehm nach Heringslake, ist es dieser Gänsefuß.

Zweigriffliger Weißdorn

Crataegus laevigata **Rosengewächse**

H 2–8 m Mai–Juni Strauch oder kleiner Baum

Merkmale Dorniger, reichverzweigter Strauch oder kleiner Baum. Blätter wechselständig, schwach gelappt und nicht tief eingeschnitten, am Rand gezähnt. Blüten weiß oder rosafarben, duften intensiv, erscheinen nach den Blättern. Kelchblätter gleichseitig 3-eckig. Kugelige, erbsengroße, rote Steinfrüchte, enthalten 2, selten 3 Kerne. Fruchtreife von September bis Oktober.

Fundort Wald- und Wegränder, Hecken und Gebüsche, felsige Hänge.

Ernte und Verwertung Blühende Weißdornsträucher kündigen den Frühsommer an. Jetzt ist die beste Zeit, ihre jungen, zarten Blätter in Salaten zu genießen. Später sind sie zu hart zum Essen. Weißdorn ist eine altbekannte Heilpflanze. In der Volksmedizin wird er vor allem bei Herz- und Kreislaufbeschwerden eingesetzt. So ergeben die Blüten einen herzstärkenden Tee. Weißdornfrüchte sind roh kaum zu verwerten. Aber gekocht ergeben sie zusammen mit Äpfeln, Birnen, Brombeeren oder Holunderfrüchten ausgezeichnete Marmeladen, Gelees und Süßspeisen. Auch getrocknet und zu Mehl vermahlen überraschen sie in Kuchen oder Früchtebroten mit ihrem feinen Geschmack. Dieser Strauch hat keine giftigen oder ungenießbaren Doppelgänger. In Europa gibt es aber eine Reihe weiterer ähnlicher Arten der Gattung Crataegus. Der in unseren Breiten häufigste Verwandte ist der Eingrifflige Weißdorn *(C. monogyna)*. Er unterscheidet sich durch seine Blätter, die tief eingeschnitten sind, und durch die kleinen braunen Kelchblätter an der roten Frucht, die schmal und spitz geformt sind. Unerfahrene verwechseln die Weißdornsträucher im Frühling oft mit der Gewöhnlichen Schlehe (S. 98). Von Weitem sehen die blühenden Büsche auch recht ähnlich aus. Doch es gibt einen gravierenden Unterschied: Schlehen blühen meist vor dem Laubaustrieb, die Weißdorne danach.

Sommer-Linde

Tilia platyphyllos **Malvengewächse**

H 25–40 m Juni–Juli Baum

Merkmale Laubbaum mit dichter, breiter Krone. Stammborke grau, mit feinen Längsfurchen. Blätter wechselständig, gestielt, schief herzförmig, am Rand gesägt, auf der Unterseite mit weißen Haarbüscheln in den Nervenachseln. Gelbweiße, duftende Blüten, zu 2–5 an einem flügelartigen Tragblatt.
Fundort Angepflanzt an Wegen, Straßen, in Parks, auf Dorfplätzen. Natürlich in Laubmischwäldern in mittleren Gebirgslagen.
Ernte und Verwertung Als Hausmittel ist die Linde ebenso bekannt wie Kamille, Huflattich oder Holunder. Ihre Blüten enthalten ätherisches Öl und lindern als Tee Erkältungskrankheiten. Darüber hinaus aromatisieren sie Fruchtsalate, viele Süßspeisen und Getränke. Doch nicht nur Lindenblüten haben Einzug in die Küche gehalten, auch die Blätter werden seit Langem genutzt. Junge, zart durchscheinende Lindenblätter schmecken mild und gut und passen bestens in Salate. Fein geschnitten auf Butterbrot sind sie eine Delikatesse. Sie können aber auch gekocht verarbeitet werden. Da sie reichlich Pflanzenschleime enthalten, eignen sie sich vor allem zum Eindicken von Suppen. Und getrocknet, zu einem grünen Pulver vermahlen und mit Mehl gemischt ergeben sie schmackhafte Kuchen und Brote. Dieser Baum hat keine giftigen Doppelgänger. In Europa gibt es einige weitere ähnliche Arten der Gattung *Tilia*, die in gleicher Weise verwendet werden können. Es sind dies vor allem die Winter-Linde *(T. cordata)* und die Holländische Linde (*T.* x *vulgaris*), eine Kreuzung aus Sommer- und Winterlinde. Außerhalb der Gattung der Linden wäre eine Verwechslung nur mit der Gewöhnlichen Hasel (*Corylus avellana*, S. 103) denkbar. Dieser Strauch hat ähnlich geformte Blätter, die zwar unangenehm schmecken, aber nicht giftig sind. Eine kleine Kostprobe vor der Verwendung erspart hier kulinarische Enttäuschungen.

Hundsrose, Heckenrose

Rosa canina **Rosengewächse**

H 1–3 m Juni Strauch

Merkmale Rundlicher Strauch mit überhängenden Zweigen und kräftigen, sichelförmig nach hinten gekrümmten Stacheln. Blätter wechselständig, aus 4–7 Teilblättchen zusammengesetzt. Teilblättchen lang oval, zugespitzt, am Rand gesägt. Duftende Blüten, rosa bis rot gefärbt, 5 Blütenblätter. Rote Früchte (Hagebutten), oval bis rund. Fruchtreife September bis Oktober.

Fundort Wald- und Wegränder, Hecken und Gebüsche. Weit verbreitet auf nährstoffreichen Böden.

Ernte und Verwertung Die Hunds-Rose ist eine der häufigsten heimischen Rosenarten. Die Wildkräuterküche nutzt ihre Blütenblätter und die Früchte. Rosenblütenblätter werden ohne Staubgefäße und Blütenkelche vom Strauch gezupft. Sie aromatisieren Zucker, Essig, Tees und eine Vielzahl von Süßspeisen. Legendär ist der Einsatz von Rosenblütenwasser bei der Marzipanherstellung. Reife Hagebutten bilden die Grundlage vieler delikater Gerichte. Am bekanntesten ist ihre Verarbeitung zu Marmelade, Fruchtmark oder Tee. Weniger bekannt, aber nicht weniger geschätzt sind sie in Likören, Weinen, Suppen und Soßen. Hagebutten enthalten 20-mal mehr Vitamin C als Zitronen, darüber hinaus auch die Vitamine A, B, E und K, Carotin, Mineralstoffe, Fruchtzucker, Pektine und Gerbstoffe. Damit werden Fruchtfleischextrakte aus Hagebutten zu Recht vielen Vitamin- und Mineralstoffpräparaten zugesetzt. Verwechslungen mit anderen Wildrosenarten kommen häufig vor, sind aber ungefährlich, da keine dieser Arten giftig oder ungenießbar ist. Qualitätsunterschiede gibt es dagegen schon. Die Früchte mancher Wildrosen schmecken ausgesprochen fruchtig, andere haben einen faden Geschmack. Einige Arten wie z. B. die Apfel-Rose *(R. villosa)* oder die Bibernell-Rose *(R. spinosissima)* sind selten und sollten vom Sammeln ausgenommen werden.

Wald-Erdbeere

Fragaria vesca **Rosengewächse**

H 5–20 cm Mai–Juni mehrjährig

Merkmale Blätter wechselständig, 3-lappig, gestielt, Teilblättchen auf beiden Seiten dunkelgrün, am Rand grob gezähnt, überlappen sich, duften zerrieben nach Rosen. Weiße Blüten, 5 Blütenblätter, die sich berühren. Rote Erdbeerfrüchte.

Fundort Laub- und Nadelwälder, Waldlichtungen, Hecken.

Ernte und Verwertung Wald-Erdbeeren wachsen seit Jahrtausenden in unseren Wäldern. Bereits die Dichter der Antike rühmten ihre gesundheitlichen Vorzüge und den Geschmack. Die zucker- und vitaminreichen Früchte schmecken aber nur roh wirklich gut. Man genießt sie in Obstsalaten oder Quark, als Kuchenbelag, im Eis oder als Erdbeerbowle. Aber Erdbeeren sind auch als Allergene bekannt, weshalb Allergiker auf ihren Genuss verzichten sollten. Für die allergische Reaktion ist ein chininähnlicher Stoff verantwortlich, der eine Störung der Magennerven auslösen kann. Neben den Früchten werden auch die Erdbeerblätter genutzt. Vor der Blüte gesammelt ergeben sie zusammen mit Himbeer- und Brombeerblättern einen schmackhaften Haustee. Und sie sind ein ungewöhnlicher Zusatz zu Kräuterbutter, Soßen und Wildkräutersalaten.

> Ungenießbarer Doppelgänger

Das **Erdbeer-Fingerkraut S. 108** ist am gleichen Standort täuschend ähnlich. Identifikationsmerkmale sind hier die an Ober- und Unterseite unterschiedlich gefärbten Blätter und die 5 Blütenblätter, die sich nicht überlappen und auch nicht berühren.

Weißklee, Kriechklee

Trifolium repens **Hülsenfrüchtler**

H 5–20 cm Mai–Sept. mehrjährig

Merkmale Stängel am Boden kriechend. Blätter an langen Stielen, kleeartig 3-teilig, oft mit bandartiger Zeichnung. Weiße, kugelige, duftende Blütenköpfchen aus 30–70 Einzelblüten. Verblühte Einzelblüten färben sich braun und neigen sich nach unten.

Fundort Wiesen, Weiden, Garten- und Parkrasen. Sehr häufig in ausgedehnten Beständen auf feuchten, stickstoffreichen Böden.

Ernte und Verwertung Zupft man eine Einzelblüte aus dem Blütenköpfchen und lutscht sie aus, schmeckt man den süßen Nektar, den die Pflanze reichlich produziert. Die Wildkräuterküche nutzt diese nektarreichen Blüten des Weiß-Klees, außerdem seine eiweißreichen Blätter. Sammeln kann man die Blätter während der gesamten Vegetationsperiode der Pflanze, die Blüten von Mai bis September. Die jungen, vor der Blüte gesammelten Blätter machen sich gut in Salaten, ältere werden besser, auch mit kräftigeren Kräutern gemischt, als Gemüse zubereitet. Die Blüten nimmt man frisch als essbare Dekoration zu Salaten und Süßspeisen. Getrocknet und zu Mehl verrieben ergeben sie einen ungewöhnlichen Kuchen, vor allem dann, wenn man zusätzlich frische Blüten in den Teig mischt. Auch in der Volksheilkunde haben Weiß-Kleeblüten früher eine Rolle gespielt. Man bereitete daraus einen gegen rheumatische Erkrankungen hilfreichen Tee. Diese Pflanze hat keine giftigen oder ungenießbaren Doppelgänger. Verwechslungen sind nur mit anderen Kleearten möglich. So vor allem vor der Blüte mit dem später rot blühenden Rot-Klee (*T. pratense*). Aber auch mit dem Wald-Sauerklee (*Oxalis acetosella*, S. 42), der ähnliche Blätter hat, dessen Blüten aber völlig anders aussehen. Keine der genannten Verwechslungen wäre problematisch, denn all diese Pflanzen sind essbar. Lediglich Sauerklee sollte man wegen der enthaltenen Oxalsäure nur gelegentlich zu sich nehmen.

Gewöhnliche Wald-Engelwurz

Angelica sylvestris **Doldenblütler**
H 50–200 cm Juli–Sept. mehrjährig

Merkmale Stängel rund, hohl, fein gerillt. Sehr große, bis zu 50 cm lange, gefiederte Blätter, Einzelblättchen eiförmig, am Rand ungleichmäßig gesägt. Blattstängel mit einer rinnenartigen Vertiefung auf der Oberseite. Blattscheiden bauchig aufgeblasen. Halbkugelig gewölbte Blütendolde, Einzelblüten weiß oder zartrosafarben. Linsenförmig abgeflachte, gerippte Früchte.
Fundort Besiedelt feuchte Wiesen, Ufer, Waldlichtungen. Auf nährstoffreichen, feuchten Standorten sehr häufig.
Ernte und Verwertung Von dieser vielseitig nutzbaren Art erntet man von April bis Mai die jungen Blätter und Blattstängel, die Blüten während der gesamten Blütezeit, die Samen und die Wurzel von September bis Oktober. Die jungen Blattstängel verleihen roh und in Scheiben geschnitten Salaten, Suppen und Gemüsegerichten eine besondere Note, können aber auch wie Spargel geschält und gekocht zubereitet werden. Junge Blätter sind roh und fein gehackt ein herb aromatisches Gewürz für Suppen und Gemüsegerichte. Die Blüten aromatisieren Süßspeisen und Getränke. Samen und Wurzel sind Bestandteil vieler Kräuterliköre.

› Giftige Doppelgänger

Betrachtet man die giftigen Doldenblütler mit weißen Blüten, so ist nur eine Verwechslung mit **Geflecktem Schierling S. 118** (Blättchen fein zerteilt), **Hecken-Kälberkropf S. 119** (Fiederblättchen breit, gekerbt) und **Hundspetersilie S. 119** (Blättchen fein zerteilt) denkbar.

Wiesen-Bärenklau

Heracleum sphondylium **Doldenblütler**

H 30–150 cm Juni–Okt. mehrjährig

Merkmale Stängel hohl, kantig gefurcht, borstig behaart. Blätter bis zu 50 cm lang, tief gelappt, am Rand gezähnt. Blattscheiden blasig aufgetrieben. Blütendolde aus 15–30 Strahlen. Einzelblüten weiß, die äußeren Blüten mit deutlich größeren Blütenblättern als die inneren. Früchte breit eiförmig, dünn gerippt.

Fundort Überdüngte Wiesen, Weiden, Weg- und Straßenränder. Sehr häufig.

Ernte und Verwertung Diese Wildpflanze mit dem mild-würzigen Geschmack ist vielseitig einsetzbar. Gesammelt werden die Blätter von März bis September, die Blattstängel von April bis Juni, die Blütenknospen vor der Blüte und die Früchte von Juli bis Oktober. Junge Blätter und Blattstängel verleihen Salaten ein süßes Aroma, ältere werden besser gekocht verarbeitet. Die Blütenknospen schmecken über Dampf gegart und mit zerlassener Butter beträufelt. Die im Geschmack intensiven Früchte würzen zerstoßen und vorsichtig dosiert Kartoffelgerichte. Doch Vorsicht: Die Inhaltsstoffe dieser Pflanze gehören zu den phototoxischen Wirkstoffen. Unter Einwirkung von Sonnenlicht können sie Hautrötungen verursachen, die sogenannte „Wiesendermatitis".

› Giftige Doppelgänger

Den **Gefleckten Schierling S. 118** erkennt man an seinen fein zerteilten Blättchen, den **Hecken-Kälberkropf S. 119** an seinen am Rand gekerbten Fiederblättchen. Der **Riesen-Bärenklau S. 128**, einst Garten-Zierpflanze, ist heute auch in der freien Natur anzutreffen. Typisch für ihn ist seine enorme Größe.

Süßdolde

Myrrhis odorata **Doldenblütler**

H 50–120 cm Mai–Juli mehrjährig

Merkmale Pflanze mit einem kräftigen Geruch nach Anis. Stängel hohl, rund, gerillt, im oberen Drittel verzweigt. Blätter wechselständig, gefiedert, farnartig, bis zu 30 cm lang, Einzelblättchen grob gezähnt. Auffällige Blattscheiden. Blütendolde aus weißen Einzelblüten. Glänzend dunkelbraune, kantig gerippte Frucht, bis zu 25 mm lang.
Fundort Besiedelt schattige, grasige Plätze wie Waldränder, Hecken und ortsnahes Brachland. Häufig aus Kultur verwildert.
Ernte und Verwertung Diese alte Gewürzpflanze stand früher in vielen Bauerngärten. Man schätzte sie wegen ihres Anisgeruchs und -geschmacks. Auch noch heute nutzt man ihre Blätter, Blüten, Wurzeln und Früchte in der Küche. Die Blätter werden vom Frühjahr bis in den Winter hinein gesammelt und als Zutat zu Gemüsemahlzeiten, als anisartige Würze für Suppen und Soßen und auch in Teemischungen verwendet. Süßdoldenblüten sind ein wunderbarer Aromastoff für Obstkuchen. Die unreifen, im Geschmack an Lakritze erinnernden Früchte geben Müsli und Fruchtsalaten ihre besondere Note. Und die Wurzel kann von September bis in den Winter zu einem ungewöhnlichen Kochgemüse verarbeitet werden.

> Giftiger Doppelgänger

Die Süßdolde ähnelt im Aussehen dem gefährlich giftigen **Gefleckten Schierling S. 118**, macht aber mit intensivem Anisgeruch auf sich aufmerksam, der sich besonders beim Zerreiben der Blätter entwickelt. Nach dem Zerreiben von Blättern unbekannter, vielleicht giftiger Pflanzen ist Händewaschen wichtig.

Echter Kümmel

Carum carvi **Doldenblütler**

H 30–90 cm Apr.–Juni einjährig–zweijährig

Merkmale Stängel reich verzweigt, im oberen Teil etwas kantig. Blätter wechselständig, fein zerteilt in viele schmale Zipfel, riechen zerrieben aromatisch. Blütendolde aus kleinen weißen oder rötlich angehauchten Einzelblüten. Frucht etwa 3 mm lang und 2 mm breit, stumpf gerippt.

Fundort Wiesen, Weiden, auch Wegränder und Feldraine vor allem in mittleren und höheren Mittelgebirgslagen. In den Alpen bis in 1800 m Höhe. Braucht frische, nährstoffreiche Böden und kühles Klima.

Ernte und Verwertung Der Wiesen-Kümmel ist eines der ältesten Gewürze. Wahrscheinlich haben ihn schon die Menschen der Steinzeit als Speisewürze verwendet.
Auch heute hat er einen festen Platz in der Küche. Die jungen Blätter, von April bis Mai gesammelt, passen in Salate oder als mildernde Beigabe zu kräftigeren Gemüsen. Die Früchte würzen Brot und Käse, sind Grundlage bei der Likör- und Branntweinherstellung und werden wegen ihres hohen Cavongehalts, einem ätherischen Öl, in der Volksmedizin als magenstärkendes Mittel genutzt. Aus der Wurzel bereitet man von September bis in den Winter Gemüsegerichte oder nimmt sie als Suppengewürz.

> Giftige Doppelgänger

Diese Pflanze kann mit extrem giftigen Arten wie **Hundspetersilie S. 119** und **Giftiger Wasserschierling S. 129** verwechselt werden. Ihre Blätter, Früchte und Wurzeln sollte nur sammeln, wer sie sicher kennt. Identifikationshilfe ist der typisch kümmelähnliche Duft der zerriebenen Blätter und Früchte.

Echte Kamille

Matricaria chamomilla **Korbblütler**

H 15–20 cm Mai–Sept. einjährig

Merkmale Aromatisch duftende Pflanze. Blätter wechselständig, in viele schmale Abschnitte geteilt. Blütenköpfe aus weißen Zungenblüten am Rand und gelben Röhrenblüten in der Mitte. Die Zungenblüten sind gegen Ende der Blütezeit nach unten umgeklappt. Typisch: Schneidet man ein Blütenköpfchen der Länge nach durch, sieht man einen kegelförmigen, hohlen Blütenboden.
Fundort An Feldern, Weg- und Straßenrändern. Braucht kalkarmen Boden.
Ernte und Verwertung Die Inhaltsstoffe der Echten Kamille wirken beruhigend, krampflösend und entzündungshemmend. Einen Tee aus den getrockneten Blüten trank man schon im alten Griechenland bei Magenbeschwerden. Doch schmeckt diese Pflanze nicht nur als Tee. Kamillenblüten eignen sich als Zutat für Salate und Süßspeisen, sie aromatisieren Wein und Limonade und ergeben zusammen mit Wodka, Wasser und Zucker einen Sirup, der sich bestens zum Süßen von Tee oder als Aperitif eignet. Gesammelt werden Kamillenblüten während der gesamten Blütezeit der Pflanze. Gepflückt werden aber jeweils nur die voll entwickelten Blütenköpfchen, deren weiße Zungenblüten bereits abwärts gebogen sind.

> Ungenießbare Doppelgänger

Die **Acker-Hundskamille S. 129** sowie die **Geruchlose Kamille S. 130** sind ähnlich im Aussehen. Diese beiden Pflanzen haben im Unterschied zur Echten Kamille einen gefüllten Blütenboden. Und sie verströmen beide nicht den typischen Kamillenduft.

Gelber Steinklee, Honigklee

Melilotus officinalis **Hülsenfrüchtler**

H 30–100 cm Juni–Aug. zweijährig

Merkmale Die ganze Pflanze riecht beim Trocknen intensiv nach Waldmeister. Stängel kantig. Blätter wechselständig, kleeartig 3-teilig, Teilblättchen eiförmig, am Rand gezähnt. Gelbe, nach Honig duftende Blüten in langen, gestielten Trauben. Frucht eine braune, 3–4 mm lange, hängende, kahle Hülse.
Fundort Häufig an Weg- und Feldrändern, auf Schuttplätzen, in Kiesgruben.
Ernte und Verwertung Der angenehme Waldmeisterduft dieser Pflanze beruht auf Cumaringlykosiden, die beim Trocknen Cumarin freisetzen. Mit seinen besonders nektarreichen, nach Honig duftenden Blüten ist der Echte Steinklee eine gute Bienenweide und bei Imkern sehr beliebt. Auch die Wildkräuterküche nutzt diese Blüten. Sie werden von Juni bis August gesammelt, im Schatten langsam getrocknet und dann zum Aromatisieren von Limonaden und Likören verwendet, auch zum Würzen von Käse und Quark, ja sogar von Wild und Fisch. Süßspeisen bekommen eine ungewohnte Note, wenn man etwas Steinklee kurz in Milch aufkocht und diese Steinkleemilch weiterverarbeitet, beispielsweise zu einem Steinklee-Vanillepudding. Einen bekömmlichen Schlaftee erhält man, wenn man Steinklee-, Weißdorn- und Lavendelblüten zusammen mit einigen Blättern der Zitronen-Melisse mischt, das Ganze mit heißem Wasser überbrüht und 10 min ziehen lässt. Steinklee darf jedoch nur sparsam eingesetzt werden, da das Cumarin bei zu reichlichem Genuss Kopfschmerzen verursachen kann. Er hat keine giftigen oder ungenießbaren Doppelgänger. Es gibt bei uns aber 2 weitere, ähnliche, ebenso häufige Steinkleearten. Dies sind der gelb blühende Hohe Steinklee *(M. altissimus)* sowie der Weiße Steinklee *(M. albus)* mit weißen Blüten. Auch diese Pflanzen duften wegen ihres Cumaringehalts getrocknet nach Waldmeister und sind wie der Echte Steinklee zu verwenden.

Echtes Johanniskraut

Hypericum perforatum **Johanniskrautgewächse**

H 30–80 cm Juni–August mehrjährig

Merkmale Stängel mit 2 Längskanten. Blätter gegenständig, 1–2 cm lang, länglich bis eiförmig, durchscheinend punktiert, am Stängel sitzend angeordnet. Blüten goldgelb, 5-zählig, einseitig gezähnt, in vielblütigen Rispen.

Fundort Weg-, Wald- und Gebüschränder, Magerrasen. Wächst bis in Höhenlagen von 1000 m.

Ernte und Verwertung Die Blüten sind eine zart süßliche Dekoration auf Salaten und eignen sich zum Aromatisieren von Speiseöl. Werden sie eingelegt, gekocht oder zerdrückt, ergeben sie eine blutrote, färbende Flüssigkeit. Triebspitzen und die zarten, herb aromatischen Blätter nutzt man von März bis Mai in Salaten, Suppen und Eierspeisen. Werden die Blätter bis in den Juli geerntet, eignen sie sich als Aroma für Tee, Bitterliköre, Kräuterweine und Bier. Auch volksmedizinisch wird die Pflanze genutzt. Tee, Tinktur oder Öl aus Blättern und Blüten hellen die Stimmung auf und vertreiben Angstzustände und Depressionen. Aber: durch die Einnahme von Johanniskraut wird auch die Empfindlichkeit gegenüber Sonnenlicht erhöht. Bei intensiver Sonneneinstrahlung kann es zu Hautrötungen kommen.

› Giftiger Doppelgänger

Zur gleichen Zeit blüht auch das **Jakobs-Greiskraut S. 122**, das Leberschäden und Tumore verursachen kann. Seine Blätter sind viel größer, tief eingeschnitten bis gefiedert und nicht durchscheinend punktiert, denn sie besitzen keine Öldrüsen. Die gelben Blüten sind vielstrahlig.

Großblütige Königskerze

Verbascum densiflorum **Rachenblütler**

H 50–200 cm Juli–September zweijährig

Merkmale Dicht wollig behaart. Fällt auf durch ihren großen, aufrechten Wuchs. Stängel rund. Pflanze zweijährig, im 1. Jahr erscheint nur eine Blatt-Grundrosette, im Folgejahr dann der Stängel mit sitzenden Blättern. Blätter wechselständig, am Stängel herablaufend, breit eiförmig, am Rand gekerbt. Blüten hellgelb, in einem kerzenförmigen Blütenstand am Ende des Stängels. Einzelblüte 30–55 mm groß, 5 Blütenblätter und 5 deutlich sichtbare Staubbeutel.

Fundort Sonnige Wald- und Wegränder, Brachland, Bahndämme.

Ernte und Verwertung Die aromatischen Blüten eignen sich frisch oder getrocknet als Beigabe zu Hausteemischungen, als Suppeneinlage und als essbare Dekoration. Als Farbgeber passen sie auch in Sirup und Limonaden. Aus den fertigen Getränken werden sie allerdings wieder abgeseiht. Auch die jungen, vor der Blüte geernteten Blätter passen frisch oder getrocknet in Hausteemischungen. Ebenso kann man sie in Butter knusprig gebraten oder in Weinteig ausgebacken genießen. Volksmedizinisch setzt man die Pflanze bei Erkältungskrankheiten ein. Die Kleinblütige Königskerze kann ebenso verwendet werden.

> Giftiger Doppelgänger

Im Frühling, wenn sich die grundständige Blattrosette aus der Erde schiebt, kann es zu Verwechslungen mit der im Jugendstadium ebenfalls grundständigen Blattrosette des **Roten Fingerhuts S. 124** kommen. Als blühende Pflanzen können die beiden Arten nicht mehr verwechselt werden.

Pastinak

Pastinaca sativa **Doldenblütler**

H 30–120 cm Juli–Sept. zweijährig

Merkmale Wurzel spindelförmig, gelblich bräunlich, ähnelt einer Petersilienwurzel. Stängel kantig gefurcht, behaart. Blätter wechselständig, gefiedert, aus 2–7 Teilblättchenpaaren, Einzelblättchen eiförmig, am Rand ungleichmäßig gesägt, riechen zerrieben angenehm aromatisch nach Petersilie. Blütendolde aus 5–20 Strahlen, gelbe Einzelblüten. Früchte linsenförmig, gelbbraun.

Fundort Trockene Wiesen, Weg- und Straßenränder, Brachflächen.

Ernte und Verwertung Der Pastinak wurde bis ins 18. Jahrhundert in Deutschland kultiviert, geriet danach aber durch den Möhrenanbau in Vergessenheit. Heute nutzt man seine Blätter, Früchte und Wurzeln. Die Wurzeln werden im Herbst ausgegraben, allerdings sind nur die der einjährigen Pflanze genießbar. Man kann sie als Suppenwürze verwenden oder zusammen mit Kartoffeln, Möhren und Erbsen als Gemüse kochen. Erntezeit für die Früchte, die wie Kümmel verwendet werden können, ist der Herbst. Die jungen, vor der Blüte gesammelten Blätter eignen sich frisch für die Herstellung von Kräuterbutter und als würzende Zutat in Salaten, Suppen und Brotaufstrichen. Getrocknete Blätter sind eine gute Fleischwürze.

› Giftige Doppelgänger

Der **Gefleckte Schierling S. 118** blüht im Gegensatz zum Pastinak weiß und entfaltet beim Zerreiben der Blätter einen unangenehmen Geruch nach Mäuseharn. Möglich ist auch eine Verwechslung der Wurzel mit der des **Schwarzen Bilsenkrauts S. 130**, doch ist diese schwarzwurzelähnlich dunkel gefärbt.

Gewöhnlicher Beifuß

Artemisia vulgaris **Korbblütler**

H 30–150 cm Juli–Okt. mehrjährig

Merkmale Stängel reich verzweigt, kantig, oft rot überlaufen. Blätter fiederteilig, oben dunkelgrün und kahl, unten weißfilzig. Viele kleine, eiförmige, bräunlich gelbe Blütenköpfchen an den Stängelspitzen. Blätter und Blüten duften aromatisch würzig.
Fundort Wächst von der Ebene bis in 2000 m Höhe an Wegrändern, Ufern, in Gebüschsäumen, auf Brachland und Schuttplätzen.
Ernte und Verwertung Wer an Martini einen delikaten, bekömmlichen Gänsebraten essen will, pflückt im Spätsommer einen Strauß Beifuß und hängt ihn zum Trocknen in die Küche. Nach etwa einer Woche werden die obersten Triebspitzen mit den Blüten abgerebelt und in einem aromadichten Glas aufbewahrt. Später würzen sie Enten-, Gänse-, Lamm- und Schweinebraten und unterstützen gleichzeitig die Fettverdauung. Erfahrenen Kräutersammlern, die den Beifuß auch ohne Blüten im Frühling erkennen, erschließen sich weitere Nutzungsmöglichkeiten: Die jungen Blättchen sind eine köstliche Zutat für Salate, Suppen und Eierspeisen. Jedoch kann der verdauungsfördernde Beifuß bei empfindlichen Personen leider auch Pollenallergien auslösen.

› Giftige Doppelgänger

Die Blätter verschiedener Eisenhutarten, auch die des **Blauen Eisenhuts S. 131**, zeigen eine gewisse Ähnlichkeit mit Beifußblättern, ebenso die jungen Blätter des **Rainfarns S. 131**. Diese sind aber im Unterschied zu Beifußblättern an der Unterseite nicht weißfilzig.

Wermut

Artemisia absinthium **Korbblütler**

H 30–80 cm Juli–Sept. mehrjährig

Merkmale Stängel seidig behaart. Blätter fein zerteilt, auf beiden Seiten seidig behaart, fühlen sich samtig an, riechen herb aromatisch. Winzige zartgelbe Blüten in hängenden Blütenköpfchen.

Fundort Oft als Gartenflüchtling an Weg- und Straßenrändern und Brachland. Gedeiht von der Ebene bis in 2000 m Höhe.

Ernte und Verwertung Wermut ist eine ausgesprochen aromatische Pflanze, mit seinen dominanten Bitterstoffen als Gewürz für fettes Geflügel aber absolut ungeeignet. Ältere Rezepte empfehlen ihn zwar als solches, aber selbst mit viel Fingerspitzengefühl bei der Dosierung ist kein Wohlgeschmack garantiert. Mit seinen verdauungsfördernden Inhaltsstoffen eignet sich Wermut nur als herb bitterer Geschmacksgeber für Weine und Liköre. Ein Wermutwein aus Rotwein, frischen Wermutblättern und Gewürzen wie Sternanis, Kardamom und Zimt ist ein ausgesprochen delikater Aperitif. In der mittelalterlichen Medizin war Wermut hochgeschätzt. Hildegard von Bingen empfiehlt ihn bei Schwächezuständen, Kopfschmerzen und Husten. Der Wermutlikör Absinth war lange das Modegetränk vieler Maler und Dichter.

› Giftiger Doppelgänger

Wermut erntet man am besten blühend. Dann ist eine Verwechslung ausgeschlossen. Bei der Ernte blütenloser Pflanzen besteht die Gefahr, Wermutblätter mit denen des giftigen **Blauen Eisenhuts S. 131** zu verwechseln. Eisenhutblätter sind jedoch geruchlos.

Kohl-Kratzdistel, Kohldistel

Cirsium oleraceum **Korbblütler**

H 30–150 cm Juni–Okt. mehrjährig

Merkmale Eine der wenigen gelb blühenden Disteln. Stängel unverzweigt, hohl, gefurcht. Blätter gestielt, an den Rändern mit weichen Stacheln besetzt, in der Form sehr variabel von unregelmäßig bis gar nicht eingeschnitten. Hellgelbe, aufrechte Blütenköpfchen, die zu 2–6 dicht gedrängt an der Stängelspitze sitzen und von großen kohlblattähnlichen Hochblättern umgeben sind.
Fundort Häufig und in größeren Gruppen an feuchten Standorten wie Ufer, Gräben, Sümpfe und feuchte Wiesen.
Ernte und Verwertung In Mitteleuropa aß man diese Distel früher nur in Notzeiten. Dabei ist sie nicht nur angenehm im Geschmack, sondern auch von Kopf bis Fuß, von der Blüte bis zur Wurzel verwendbar. Die Böden der Blütenköpfchen werden von Juni bis September geerntet und wie Artischockenherzen zubereitet. Die Blätter stehen von April bis September zur Verfügung, die Stängel in den Monaten Juni und Juli. Die Blätter verarbeitet man zu Salaten, in Suppen und Aufläufen. Junge Stängel schmecken roh, ältere gekocht. Die Wurzeln, im 1. Lebensjahr der Pflanze ausgegraben, sind geschält und dann gekocht, gebraten oder frittiert ein Genuss.

> Giftiger Doppelgänger

Die Blätter des **Roten Fingerhuts S. 124** ähneln einem ungeteilten Blatt der Kohldistel, allerdings sind sie nicht mit weichen Stacheln besetzt. Blühend können die Pflanzen nicht verwechselt werden.

Feld-Thymian, Sand-Thymian

Thymus serpyllum **Lippenblütler**

H 5–20 cm Juni–Sept. mehrjährig

Merkmale Intensiv aromatischer Duft. Stängel kriecht über den Boden, 4-kantig, an der Basis oft verholzt. Blätter stets gegenständig, eiförmig bis spatelförmig, gestielt. Zartrosafarbene, kleine Blüten in einem zylindrischen Blütenstand am Ende der Stängel.

Fundort Trockene Wiesen, Wegränder, Böschungen. Wächst auch auf Fels. Braucht nährstoff- und kalkarmen Boden.

Ernte und Verwertung An sonnigen Tagen entfaltet der Feld-Thymian sein ganzes Aroma. Und dann sollte er auch gesammelt werden. Stängel, Blätter und Blütenstände des Lippenblütlers stehen von Juni bis in den September zur Verfügung. Frisch oder getrocknet sind sie ein vielseitiges Gewürz zu Fleischgerichten, Eintöpfen, Soßen und Pizzen. Selbst den verschiedensten Pilzvariationen, Bratkartoffeln und Salatmarinaden verleihen sie eine würzige Note. Thymian ist auch als alte Heilpflanze bekannt. Die Volksmedizin nutzt ihn als krampflösendes und antibakterielles Mittel. Als Bestandteil im Haustee beugt er Husten und Bronchitis vor. Aroma und heilkräftige Inhaltsstoffe lassen sich lange erhalten, wenn man Thymian in Essig oder Öl einlegt oder zu Blütenzucker verarbeitet.

> Ungenießbarer Doppelgänger

Der oberflächliche Betrachter könnte den **Thymian-Ehrenpreis S. 132** für einen Feld-Thymian halten. Aber dessen fehlender, intensiv aromatischer Geruch und die unterschiedliche Blattstellung im oberen und unteren Stängelbereich schließen eine Verwechslung schnell aus.

Oregano, Echter Dost, Wilder Majoran

Origanum vulgare **Lippenblütler**

H 20–50 cm Juli–Okt. mehrjährig

Merkmale Pflanze mit würzigem Geruch. Stängel aufrecht, andeutungsweise 4-kantig, oft braunrot überlaufen. Blätter gegenständig, kurz gestielt, eiförmig, ganzrandig. Rosafarbene Einzelblüten in einem flach halbkugeligen Blütenstand am Ende der Stängel.

Fundort Heckenränder, Straßenböschungen, trockene, sonnige Waldränder, trockenes Grasland. Vor allem auf Kalkböden.

Ernte und Verwertung Dost ist ein typisches Würzkraut und als solches Bestandteil der Kräutermischung „Herbes de Provence". Die Pflanze kann frisch oder getrocknet verwendet werden. Gekocht verliert sie viel von ihrem typischen Aroma. Blüten und Blätter sind vom Spätsommer bis in den Herbst nutzbar. Mit Dost würzt man vor allem südliche Speisen wie Pizzen, jedoch ist er weit mehr als ein Pizzagewürz. Er passt zu fast allen italienischen Nudel- und Reisgerichten, zu Tomatensoße, zu Grillfleisch und gebratenem Fisch. Die Volksmedizin nutzt einen Aufguss dieser Pflanze bei Appetitmangel und Entzündungen im Mund- und Rachenbereich. Menschen im Orient trugen früher stets einen Zweig Dost bei sich, um sich mit seinem Duft vor Krankheiten zu schützen.

› Ungenießbarer Doppelgänger

Der **Wirbeldost S. 125** hat einen zottig behaarten Stängel und Blätter mit manchmal schwach gekerbtem Rand. Er verströmt keinen intensiven Duft und wird in der Küche nicht als Würzkraut verwendet.

Acker-Minze

Mentha arvensis **Lippenblütler**

H 10–40 cm Juli–Okt. mehrjährig

Merkmale Stängel aufgerichtet, grün, 4-kantig. Blätter gekreuzt gegenständig, breit eiförmig, 2–5 cm lang und 1–3 cm breit, am Rand gesägt bis gekerbt, gestielt, beidseitig recht stark und abstehend behaart, riechen zerrieben aromatisch. 8–12 kugelige Blütenstände aus blauvioletten Einzelblüten, die regelmäßig über den Stängel verteilt in den Blattachseln stehen, nie am Stängelende, der Stängel schließt mit einem Blattbüschel ohne Blüten ab.

Fundort Sumpfwiesen, Gräben, feuchte Waldwege, Brachland, nasse Felder.

Ernte und Verwertung Auch wenn die Pflanze Acker-Minze heißt, kommt sie heute auf Ackerland kaum noch vor. Häufiger steht sie auf unbewirtschafteten Flächen. Minzen enthalten verdauungsfördernde ätherische Öle und sind als Tee am bekanntesten. Darüber hinaus lassen sich Blätter und Blüten in der Küche vielseitig nutzen. Frisch und in kleinen Mengen sind sie eine besondere Würze in sommerlichen Salaten, Schokoladendesserts, Quarkspeisen, Fischsuppen und Fleischsoßen, ja selbst in Fruchtcocktails und erfrischende Getränke passen sie. Die Blütezeit ist auch die beste Erntezeit, da ihr Aroma dann am kräftigsten ist.

> Giftiger Doppelgänger

Viele mitteleuropäische Minzenarten bilden miteinander Bastarde und sind kaum voneinander zu unterscheiden. Das gilt auch für Acker-Minze und **Polei-Minze S. 132**. Grundsätzlich kann man sagen: Polei-Minzen wachsen selten aufrecht, sind unbehaart und haben meist praktisch ganzrandige Blätter.

Kleine Braunelle

Prunella vulgaris **Lippenblütler**
H 10–25 cm Mai–Okt. mehrjährig

Merkmale Stängel niederliegend bis aufsteigend, 4-kantig. Blätter gekreuzt gegenständig, länglich eiförmig, 1–3,5 cm lang und 0,5–1,5 cm breit, gestielt, ganzrandig oder wenig gezähnt. Zahlreiche blauviolette Lippenblüten mit helmförmiger Oberlippe und 3-lappiger Unterlippe stehen in einem ährenförmigen Blütenstand am Ende des Stängels.
Fundort Besiedelt als Nährstoffzeiger Waldlichtungen, Wegränder, Heckensäume, Weiden und Parkrasen. Braucht nährstoffreichen, etwas feuchten Boden.
Ernte und Verwertung Die Gewöhnliche Braunelle enthält Gerb- und Bitterstoffe, Vitamin C und ein ätherisches Öl. Das prädestiniert sie als Heilpflanze. Volksmedizinisch wird sie bei Beschwerden der Verdauungsorgane eingesetzt. Ein Tee aus den Blütenköpfchen hilft ähnlich wie Kamillentee gegen Magenverstimmung. Die jungen Blätter und Sprosse der Pflanze werden in den Monaten April und Mai gesammelt und roh oder gekocht in Salate, Eintopfgerichte, Kräuter- und Gemüsesuppen gegeben. Aber das muss sparsam geschehen. Denn zu reichlich verwendet stören die vielen Bitterstoffe andere Geschmackskompositionen.

> Giftiger Doppelgänger

Außerhalb der Blütezeit könnte die Gewöhnliche Braunelle mit ihrem liegenden, 4-kantigen Stängel und den ovalen, gegenständigen Blättern durchaus mit der **Polei-Minze S. 132** verwechselt werden. Zur Blütezeit ist das ausgeschlossen, da die Polei-Minze keine ährenförmigen endständigen Blüten hat.

Gewöhnliche Wegwarte

Cichorium intybus **Korbblütler**

H 20– 50 cm Juli–Sept. mehrjährig

Merkmale Pflanze mit weißem Milchsaft. Spindelförmige Wurzel, die tief in den Boden reicht. Stängel steif, kantig, blattarm, im oberen Bereich verzweigt. Grundblätter in einer bodennahen Rosette, tief in 3-eckige Lappen geteilt, erinnern an Löwenzahnblätter. Obere Blätter ungeteilt, lang und schmal, umfassen den Stängel. Auffällig hellblaue Blüten stehen zu 2 oder 3 in den oberen Blattachseln.

Fundort Straßen-, Weg- und Feldränder.

Ernte und Verwertung Die Wegwarte gilt seit Jahrhunderten als vitamin- und mineralstoffreiche Gemüse- und Heilpflanze. Ihre Blätter, Blüten und Wurzel sind essbar. Junge, vor der Blüte gesammelte Blätter sind aromatisch, aber ein wenig bitter. Sie passen in Salate, schmecken fein geschnitten auf Butterbrot und auch in pikanten Quarkspeisen. Und sie machen in kleinen Mengen mildere Gemüsemischungen zu einem unübertroffen herzhaften Genuss. Die Blütenköpfchen ohne die grünen Kelchblätter sind eine essbare Dekoration für Salate aller Art. Die Wurzeln werden im Herbst ausgegraben. Sie enthalten bis zu 20 % des für Diabetiker besonders bekömmlichen Inulins und sind damit ein gutes Gemüse für zuckerkranke Personen. Aber es ist ratsam, die Wurzel vor der Zubereitung einige Stunden zu wässern und so den hohen Bitterstoffgehalt zu reduzieren. Ein aus der getrockneten Wurzel zubereiteter Tee ist hilfreich bei Magen-, Galle- und Leberbeschwerden. In Zeiten, in denen Kaffee ein unerschwingliches Luxusprodukt war, wurde das Pulver der getrockneten und gerösteten Wurzel als Kaffee-Ersatz genutzt. Diese Pflanze hat in unseren Breiten keine giftigen oder ungenießbaren Doppelgänger. Eine Verwechslungsgefahr besteht lediglich mit essbaren Arten wie dem Blauen Lattich (S. 33) und dem Gewöhnlichen Löwenzahn (S. 27), die beide ähnliche Blätter haben.

Gewöhnliche Felsenbirne

Amelanchier ovalis **Rosengewächse**

H 1–3 m Apr.–Juni Strauch

Merkmale Borke der Stämmchen schwarzbraun, dünn und längsrissig. Zweige rotbraun. Blätter wechselständig, lang gestielt, 2–4 cm lang, eiförmig, am Rand gezähnt, an der Oberseite dunkelgrün und kahl, unten heller und filzig behaart. Weiße Blüten, stehen in Trauben zu 3–8 am Ende der Zweige, erscheinen vor den Blättern, 5 Blütenblätter. Reife Frucht eine erbsengroße, schwarze Beere, blau bereift, trägt an der Spitze lange Kelchzipfel. Quer aufgeschnitten zeigen die Früchte typischerweise 10 Fruchtfächer.

Fundort Wächst in der Ebene an trockenen Waldrändern und Gebüschen, im Gebirge an felsigen Hängen in Südlage.

Ernte und Verwertung Fruchtreife und Erntezeit sind die Monate August bis Oktober. Die Früchte der Felsenbirne enthalten sehr viel Vitamin C, sie sind saftig, schmecken süß und aromatisch. Man kann sie roh essen, zu Kompott, Konfitüren und Sirup verarbeiten und als Belag für Kuchen und Torten nehmen. Getrocknet sind sie ein guter Rosinenersatz und unter der Bezeichnung „Ostfriesische Korinthen“ lokal bekannt. Selbst für einen Ansatz eines magenfreundlichen Schnapses sind die Früchte dieses Strauchs gut geeignet.

> Giftiger Doppelgänger

Der **Gewöhnliche Faulbaum** **S. 133** hat ebenfalls kugelige, erbsengroße schwarze Früchte. Bei der Unterscheidung beider Pflanzen hilft ein Blick auf die Blätter: Die des Faulbaums sind ganzrandig, die der Felsenbirne am Rand gezähnt.

Preiselbeere

Vaccinium vitis-idaea **Heidekrautgewächse**

H 5–30 cm Mai–Aug. Zwergstrauch

Merkmale Zweige rund, aufrecht, mit grüner Rinde. Blätter immergrün, derb, eiförmig, oben glänzend dunkelgrün, unten braun punktiert, ganzrandig, oft ist der Blattrand nach unten umgebogen. Blüten weiß bis zartrosafarben, glockenförmig, in hängenden Trauben angeordnet. Kugelige, leuchtend rote Beeren. Fruchtreife August bis November.

Fundort Kiefernwälder, Moore, Heiden.

Ernte und Verwertung Die herb-säuerlich und leicht bitter schmeckenden Preiselbeeren sind ein sehr vitaminreiches Wildobst. Nach kurzer Frosteinwirkung kann man sie auch roh essen, beispielsweise in einem Fruchtsalat. Ihren bekannten, fruchtig süßen Geschmack entwickeln Preiselbeeren aber erst beim Kochen. Als Kompott, Marmelade oder Gelee sind sie eine beliebte süße Beilage zu Wildgerichten, Pfannkuchen oder gebackenem Camembert. Doch damit ist die Bandbreite ihrer Anwendungsmöglichkeiten noch lange nicht erschöpft. Die Früchte werden auch zu Likören und Säften verarbeitet und passen in Kuchen und Fruchtsuppen. Die Volksmedizin nutzt einen Tee aus frischen oder getrockneten, jungen Blättern bei Erkrankungen der Harnwege.

> Giftige Doppelgänger

Ein nahe verwandter Strauch ist die **Kahle Rosmarinheide S. 135**, deren Blätter jedoch lang gestreckt, sehr schmal und auf der Unterseite nicht punktiert sind. Die unreifen Beeren der **Rauschbeere S. 134** sind ähnlich rot, reife Beeren dagegen blau bereift.

Kornelkirsche

Cornus mas **Hartriegelgewächse**

H 2–6 m Jan.–Mai Strauch oder kleiner Baum

Merkmale Stamm mit graubrauner, schuppig abblätternder Borke. Blätter gegenständig, oval, an beiden Enden zugespitzt, ganzrandig, oben glänzend, unten etwas behaart. Gelbe Blüten, sitzen in kugeligen Blütenständen direkt an den Zweigen, erscheinen vor dem Blattaustrieb. Leuchtend rote, länglich eiförmige Steinfrucht, 1–2 cm lang, umschließt einen 2-samigen Kern. Fruchtreife August bis September.

Fundort Trockene Laubwälder, Waldränder, sonnige und felsige Hänge. Oft in Parks und Gärten angepflanzt. Bevorzugt kalkreiche, steinige Böden.

Ernte und Verwertung Kornelkirschen sind seit langem ein geschätztes Wildobst. Sie enthalten neben Zucker und Fruchtsäuren reichlich Vitamin C. Am besten macht man sich ihre gesunden Inhaltsstoffe zunutze, wenn man die reifen Früchte roh isst. Sie eignen sich aber auch zur Herstellung von Marmelade, Gelee, Saft, Wein und Likör und schmecken selbst getrocknet oder kandiert. Wirklich reif sind Kornelkirschen erst, wenn sie vom Strauch fallen. Werden sie gepflückt, müssen sie einige Tage nachreifen. Unreife, noch grüne oder orangefarbene Früchte können süßsauer eingelegt werden.

> Giftige Doppelgänger

Die Kornelkirsche sollte man nicht mit der **Roten Heckenkirsche S. 135** verwechseln, die auch gegenständige Blätter und gelbe Blüten hat, deren Früchte aber erbsengroße, rote Beeren sind. Der nahe verwandte **Rote Hartriegel S. 134** trägt schwarze, ungenießbare Früchte.

Wilde Möhre

Daucus carota **Doldenblütler**

H 30–90 cm Mai–Sept. zweijährig

Merkmale Stängel aufrecht, hart, mit Mark gefüllt, borstig behaart. Blätter 2–3-fach gefiedert, behaart, verströmen beim Zerreiben den aromatischen Duft von Karotten. Kleine, weiße Blüten, bilden einen flach gewölbten Blütenstand, in der Mitte des Blütenstands liegt eine fast schwarz gefärbte „Mohrenblüte". Zur Zeit der Samenreife neigen sich die einzelnen Strahlen des Blütenstands vogelnestartig nach innen, neben der Mohrenblüte ein weiteres besonderes Merkmal der Pflanze. Frucht eiförmig, 4 mm lang, trägt auf ihren Längsrippen Stacheln. Dünne, spindelförmige weißliche Wurzel.

Fundort Wiesen, Wegränder, Brachland.

Ernte und Verwertung In ihrem 1. Lebensjahr entwickelt die Wilde Möhre Blätter und Wurzel. Im darauffolgenden Jahr blüht sie, bildet Früchte aus und welkt. Die Wurzel wird am besten im Herbst des 1. oder im Frühling des 2. Lebensjahrs ausgegraben. Zu diesem Zeitpunkt ist sie noch jung und zart und kann roh oder gekocht gegessen werden. Sobald sich der Blütenstand entwickelt, wird die Wurzel holzig und ist nicht mehr zu verwerten. Die Blätter, vor der Blüte gesammelt, würzen ebenso wie die Früchte frisch oder getrocknet Suppen und Eintöpfe.

> Giftige Doppelgänger

Wegen der Verwechslungsgefahr mit sehr giftigen Doldenblütlern wie **Hundspetersilie** **S. 119** und **Giftiger Wasserschierling** **S. 129** der Rat an alle Unerfahrene: Pflanze im Jahreslauf beobachten, auf „Mohrenblüte" achten. Auch wichtig: der Möhrenduft der zerriebenen Blätter und die stacheligen Früchte.

Gewöhnliche Nachtkerze

Oenothera biennis **Nachtkerzengewächse**

H 50–150 cm Juni–Sept. zweijährig

Merkmale Lange, dicke, rübenförmige Wurzel, außen rötlich gefärbt. Stängel aufrecht, kantig, etwas behaart. Grundblätter in bodennaher Rosette, Stängelblätter wechselständig, 5–15 cm lang und schmal, hellgrün, oft rötlich überlaufen, am Rand meist etwas gezähnt. Große gelbe, besonders nachts intensiv duftende Blüten in den Achseln der oberen Blätter, bilden insgesamt einen aufrechten, traubenähnlichen Blütenstand.

Fundort Besiedelt Gewässerufer, Wegränder, Bahndämme, Steinbrüche, Brachland.

Ernte und Verwertung Volksnamen wie „Gelbe Rapunzel" oder „Schinkenwurzel" deuten an, dass diese Pflanze schon lange als Wurzelgemüse genutzt wird. Ein altes Sprichwort behauptet, dass ein Pfund Schinkenwurzel mehr Kraft gibt als ein Zentner Ochsenfleisch. Die Wurzel wird im Herbst des 1. Lebensjahrs ausgegraben, spätestens im Frühling des 2. Lebensjahrs, auf jeden Fall noch vor dem Austreiben des Blütenstängels. Zu diesem Zeitpunkt ist sie zart und im Geschmack mild süßlich. Man kann sie in Kombination mit Pastinak, Möhren oder Sellerie als Gemüse essen oder nach dem Kochen in Scheiben schneiden und mit Essig und Öl angemacht als Salat genießen.

> Giftiger Doppelgänger

Bei Pflanzen im Rosettenstadium besteht häufig die Gefahr der Verwechslung mit anderen, auch giftigen Pflanzen, in diesem Fall mit dem **Schwarzen Bilsenkraut S. 130**. Doch hier hilft der überaus unangenehme Geruch des Bilsenkrauts weiter und dessen schwarzwurzelähnlich dunkel gefärbte Wurzel.

Breitblättriger Rohrkolben

Typha latifolia **Rohrkolbengewächse**

H 50–200 cm Juni–Aug. mehrjährig

Merkmale Armdicker Wurzelstock. Stängel aufrecht, rund, biegsam. 2 linealische Blätter, 1–2 cm breit, bis zu 2 m lang, blaugrün, ganzrandig. Blüten in charakteristisch kolbenförmigen Blütenständen, der blassere obere Teil des Blütenstands besteht nur aus männlichen Blüten, der darunterliegende, dicke, braune Kolbenteil nur aus weiblichen.
Fundort Verlandungszone langsam fließender Flüsse, nährstoffreicher Seen und Teiche. Dringt bis in 1 m Wassertiefe vor.
Ernte und Verwertung Die stärkehaltigen Wurzelstöcke werden im zeitigen Frühjahr und dann wieder vom September bis in den Winter geerntet. Gewaschen, getrocknet und zu Mehl verarbeitet nimmt man sie zum Eindicken von Soßen oder, mit Getreidemehl vermischt, zum Brotbacken. Im Frühling finden sich an den Wurzeln auch die jungen Sprosse für die nächste Vegetationsperiode. Solange sie nicht länger als 30 cm in die Höhe gewachsen sind, ergeben sie geschält und gekocht ein Gemüse, das im Geschmack an Spargel erinnert. Auch im Röhricht, meist aber im tieferen Wasser wächst der Schmalblättrige Rohrkolben *(T. angustifolia)*, eine ebenfalls essbare Pflanze.

› Giftiger Doppelgänger

Pflanzen wie diese können im Jugendstadium mit der **Sumpf-Schwertlilie S. 136** verwechselt werden, da Wurzelstock und Schösslinge ähnlich sind. Zur Unterscheidung: Rohrkolbenwurzeln tragen neben den jungen Schösslingen oft noch die Stängel des letzten Jahrs, die Iris jedoch nicht.

Brombeere

Rubus sect. Rubus **Rosengewächse**

H 50–200 cm Mai–Aug. Strauch

Merkmale Wuchernder Strauch mit aufrechten, bogenförmig überhängenden oder am Boden liegenden, kräftig bestachelten Zweigen. Blätter wechselständig, 3–7-teilig, Teilblättchen eiförmig, zugespitzt, am Rand gesägt. Kleine Blüten in lockeren Trauben am Ende der Zweige, 5 weiße oder rosafarbene Blütenblätter. Kugelige, zunächst rote, bei Reife schwarz glänzende Sammelfrucht aus 20–50 kleinen Einzelfrüchtchen, etwa 2 cm breit. Fruchtreife Juli bis Oktober.
Fundort Überall häufig an Feld-, Wald- und Wegrändern, in Hecken und Gebüschen.
Ernte und Verwertung Den köstlichen Geschmack frisch gepflückter Brombeeren kennt jeder aus seiner Kindheit, auch die kratzigen Stacheln beim Ernten der Früchte. Brombeeren werden gesammelt, sobald sie tiefschwarz und voll ausgereift sind, die Blätter des Strauchs während der gesamten Vegetationsperiode. Reife, saftige Brombeeren schmecken am besten roh, etwa in Joghurt, Quark und Obstsalat. Häufig werden sie auch zu Marmelade, Gelee, Saft, Wein oder Likör verarbeitet. Neben Blaubeeren, Himbeeren und Johannisbeeren sind sie Bestandteil der traditionellen roten Grütze. Getrocknete Brombeerblätter sind zusammen mit Erdbeer- und Himbeerblättern in vielen Haus- oder Frühstückstees enthalten. In der Volksmedizin hatten und haben Brombeersträucher große Bedeutung. Ein Tee aus getrockneten Blütenknospen, Blättern und Früchten wurde bei Hals- und Rachenentzündungen getrunken und gegen Gicht und andere Krankheiten eingesetzt. Brombeersträucher haben keine giftigen oder ungenießbaren Doppelgänger. In Auwäldern, auch auf feuchten Böden von Feld- und Wegrändern findet sich verbreitet eine verwandte Art, die Kratzbeere *(R. caesius)*. Deren bläulich bereifte Sammelfrüchte bestehen aus deutlich weniger Einzelfrüchtchen und sind wenig schmackhaft.

Himbeere

Rubus idaeus **Rosengewächse**
H 80–150 m Mai–Juni Strauch

Merkmale Niedriger Strauch mit biegsamen, überhängenden Zweigen, die mit zahlreichen, nur 1 mm langen, feinen, rötlichen Stacheln besetzt sind. Blätter wechselständig, 3–5-zählig, Teilblättchen eiförmig, am Rand gesägt, oben dunkelgrün, unterseits dicht weißhaarig. Zarte, duftende weiße Blüten, zu 3–10 in büscheligen Blütenständen am Ende der Stängel. Rote, samtige Sammelfrüchte. Fruchtreife Juli bis September.
Fundort Waldränder, Waldlichtungen, Hecken und Gebüsche. Bevorzugt auf halbschattigen, nährstoffreichen Standorten. Bildet an geeigneten Plätzen ein dichtes, fast undurchdringliches Gestrüpp.
Ernte und Verwertung Als Wildobst ist die Himbeere schon seit Jahrtausenden bekannt. Fossile Reste von prähistorischen Siedlungen beweisen, dass die gesunden, schmackhaften Früchte schon damals den Speisezettel der Menschen bereicherten. Himbeeren enthalten neben Zucker und Zitronensäure reichlich Vitamin C und viele Mineralstoffe. Sie werden gepflückt, wenn sich die roten Sammelfrüchte leicht vom Blütenboden lösen. Erst dann sind sie vollreif. Die Zubereitungsarten für Himbeerfrüchte sind sehr vielfältig. Neben der klassischen Verarbeitung zu Marmelade, Gelee, Eis, Fruchtmus, Sirup, Likör, Wein und Essig findet man in Kochbüchern auch alte Rezepte für Himbeersülze, -krapfen oder -paste. Himbeerblätter können während der gesamten Vegetationsperiode gesammelt werden. Langsam und im Schatten getrocknet ergeben sie zusammen mit Erdbeer- und Brombeerblättern einen Haustee, der ohne schädliche Nebenwirkungen auch über einen längeren Zeitraum getrunken werden kann. Himbeersträucher haben keine giftigen oder ungenießbaren Doppelgänger. Man könnte die Früchte höchstens mit roten, unreifen Brombeeren am gleichen Standort verwechseln.

Gewöhnliche Mehlbeere

Sorbus aria **Rosengewächse**

H 3–15 m Mai–Juni Strauch oder Baum

Merkmale Sommergrüner Strauch oder Baum mit kurzem, geradem Stamm und gleichmäßig gewölbter Krone. Junge Zweige filzig behaart, später hell- bis rötlich braun und kahl. Blätter wechselständig, oben dunkelgrün, unten dicht weißfilzig, länglich oval, vorne zugespitzt, am Rand gesägt, 1,5 cm langer Blattstiel. Weiße Blüten in schirmartigen, aufrechten Blütenständen an den Zweigenden. Eiförmige bis kugelige Frucht, 1,5 cm lang, orange bis leuchtend rot gefärbt. Fruchtreife je nach Höhenlage von August bis Oktober.

Fundort Wild wachsend bis in Höhen von etwa 1500 m, an Felshängen, in Gebüschsäumen, Buchen- und Eichenwäldern, an Waldrändern. Vielfach an Straßen und Wegen gepflanzt.

Ernte und Verwertung Mehlbeeren sind als Notnahrung bekannt. Im Ersten Weltkrieg beispielsweise bekamen viele Säuglinge einen Brei aus den gemahlenen, in Wasser oder Milch gekochten Früchten des Mehlbeerbaums. Und in kalten Gebirgswintern schätzte man früher ein Brot aus mit zerstoßenen Mehlbeeren vermischtem Mehl als besonderen Leckerbissen. Heute gelten Mehlbeeren wegen ihres hohen Vitamin-, Zucker- und Pektingehalts wieder als wertvolles Obst. Die Früchte werden von August bis in den November geerntet, am besten schmecken sie nach dem ersten Frost. Aber auch dann sind sie nicht wirklich gut, sondern eher fad-süß. Deswegen werden Mehlbeeren heute meist in Kombination mit geschmacklich intensiveren Früchten zu Marmelade, Gelee, Saft und Fruchtmus verarbeitet. Auch einen guten Obstwein kann man aus ihnen herstellen. Im Blüten- und Fruchtstand hat die Echte Mehlbeere eine gewisse Ähnlichkeit mit der Gewöhnlichen Eberesche (S. 96). Der gravierende Unterschied: Die Mehlbeere hat keine gefiederten Blätter.

Gewöhnliche Eberesche, Gewöhnliche Vogelbeere

Sorbus aucuparia **Rosengewächse**

H 3–15 m Mai–Juni Baum oder Strauch

Merkmale Sommergrüner, oft mehrstämmiger Baum oder Strauch. Borke lange mattgrau und glatt, wird erst im Alter schwärzlich und längsrissig. Blätter wechselständig, unpaarig gefiedert, bestehen aus 9–19 Teilblättchen, diese keilförmig zugespitzt, oben dunkelgrün, unten graugrün, am Rand deutlich gesägt. Gelbweiße, duftende Blüten in schirmartig ausgebreiteten Blütenständen. Rote, kugelige, erbsengroße Früchte (Vogelbeeren) in auffälligen Fruchtständen. Fruchtreife August bis Oktober.

Fundort Wild wachsend in Laubwäldern, an Waldrändern, in Gebüschen. Oft an Weg- und Straßenrändern gepflanzt.

Ernte und Verwertung Vogelbeeren enthalten mehr Vitamin C als viele Südfrüchte. Sie werden die „Zitronen kalter Gegenden“ genannt, sind jedoch roh nicht zu genießen. Sie kommen nur gekocht auf den Tisch, da sie neben vielen gesunden Stoffen vor allem in den Samenkernen auch Parasorbinsäure enthalten, die den Magen-Darm-Trakt reizt. Beim Kochen zerfällt diese Substanz jedoch. Wer ganz sichergehen möchte, streicht die gekochten Früchte vor der Weiterverarbeitung vorsichtig durch ein Mulltuch und entfernt so die Samenkerne. Eine weitere Schwierigkeit im Umgang mit der Vogelbeere ist ihr bitterer Geschmack. Um diesen bis auf ein feinherbes Aroma zu reduzieren, friert man die Früchte nach der Ernte eine Zeit lang ein. So vorbereitet passen sie zusammen mit Äpfeln oder Birnen in Marmeladen oder ergeben einen kräftigen Sirup oder ein süßsaures Chutney. Neben der ursprünglichen Gewöhnlichen Vogelbeere gibt es Zuchtformen, z. B. die Mährische Eberesche (*S. aucuparia* ssp. *moravica*) mit ebenfalls essbaren, milder schmeckenden Früchten, die keine Kältebehandlung brauchen und parasorbinsäurefrei sind. Man erkennt die Mährische Eberesche an ihren nur ganz leicht gesägten Fiederblättchen.

Speierling

Sorbus domestica **Rosengewächse**

H 3–15 m Mai Baum

Merkmale Sommergrüner Baum mit kurzem Stamm und kräftigen Ästen. Borke graubraun, rau. Blätter wechselständig, bis 20 cm lang, bestehen aus 13–21 Teilblättchen, diese länglich eiförmig, oben dunkelgrün, unten heller, nur im vorderen Bereich am Rand deutlich gesägt. Weiße Blüten in kegelförmigen Blütenständen, kurz gestielt. Frucht birnen- oder apfelförmig, 1,5–3 cm groß, zunächst grün, bei Reife dunkelgelb bis braunrot. Fruchtreife und Ernte von September bis Oktober.

Fundort Besiedelt heute verwildert helle, warme, trockene Laubwälder, vor allem Eichenmischwälder der Weinbaugebiete.

Ernte und Verwertung Speierlingsbirnen, wie die Früchte des Speierlings meist genannt werden, enthalten vor der vollen Reife hohe Gerbstoffmengen. Diese Gerbstoffe lassen frisch gepflückte Früchte zunächst fast ungenießbar erscheinen. Speierlingsfrüchte schmecken erst, wenn sie braun gefärbt vom Baum fallen. Je nach Standort ist das ab Mitte September der Fall. Pflückt man sie, müssen sie nach der Ernte noch Tage, manchmal auch Wochen nachreifen. Erst dann schmecken sie süß und aromatisch. Und erst dann sollte man sie roh genießen oder zu Marmeladen, Fruchtmus und Kuchen verarbeiten. Die wertvollen Aromen des Speierlings sind unverzichtbarer Bestandteil von Apfelmost und Apfelwein. Deshalb wird der Baum an der Mosel in großem Umfang wieder angesiedelt. Der Speierling hat keine giftigen oder ungenießbaren Doppelgänger. Aber mit seinen Blättern sieht er auf den ersten Blick der Gewöhnlichen Eberesche (S. 96) täuschend ähnlich. Ebereschenblätter sind jedoch rundum gesägt, die des Speierlings nur im vorderen Bereich. Zur Zeit der Fruchtreife, wenn die Eberesche ihre auffälligen roten Fruchttrauben trägt, kann man beide Bäume ohne Probleme unterscheiden.

Gewöhnliche Schlehe, Schwarzdorn

Prunus spinosa **Rosengewächse**
H 1–3 m März–Apr. Strauch

Merkmale Sommergrüner, reich verzweigter Strauch. Zweige in der Jugend samtig behaart, später glatt und schwarz, mit Dornen besetzt. Blätter wechselständig, länglich eiförmig, 2–5 cm lang, kurz gestielt, am Rand gesägt, erscheinen erst nach den Blüten. Kleine weiße, duftende Blüten, verteilen sich einzeln über die gesamte Zweiglänge. Dunkelblaue, bereifte, kugelige Steinfrucht, etwa 1 cm im Durchmesser, Fruchtfleisch haftet fest am Stein. Fruchtreife und Erntezeit von September bis November.
Fundort Überall häufiger Heckenstrauch. Auch an Wald-, Feld- und Wegrändern.

Ernte und Verwertung Wegen ihres hohen Gerbstoffgehalts sind Schlehen ohne Frosteinwirkung kaum genießbar. Aber nach ein paar Frostnächten schmecken sie mild und gut, selbst roh und frisch vom Strauch. Die Wildfrüchteküche verwendet sie meist gekocht oder getrocknet. Sie werden zu Marmeladen, Gelees, Chutneys, Saft, Likör und Wein verarbeitet, oft in Kombination mit Äpfeln, Birnen und Zwetschgen. In manchen Gegenden werden sie anstelle von Wacholderbeeren Wildsoßen zugesetzt. Getrocknet sind Schlehenfrüchte Bestandteil von Kräutertees.

> Giftige Doppelgänger

Schlehenfrüchte haben in Größe, Form und Farbe eine gewisse Ähnlichkeit mit den Früchten der giftigen **Schwarzen Heckenkirsche S. 138** sowie der ungenießbaren **Blauen Heckenkirsche S. 141**. Der Unterschied: Diese Sträucher tragen keine Dornen, ihre eiförmigen Blätter sind gegenständig.

Gewöhnliche Traubenkirsche

Prunus padus **Rosengewächse**

H 2–10 m Mai–Juni Strauch oder Baum

Merkmale Rinde schwarzgrau, glatt, erst im Alter längsrissige Borke. Blätter wechselständig, eiförmig, mit langer Spitze, am Rand gesägt. Blattstiel mit 2 Nektardrüsen. Weiße, duftende Blüten, zu 15–20 in zunächst aufrechten, später hängenden Büscheln. Erbsengroße, kugelige, glänzend schwarze Steinfrüchte mit gefurchtem Steinkern.

Fundort Auwälder, Auengebüsche an Flüssen und Bächen, feuchte Waldränder.

Ernte und Verwertung Die Früchte der Gewöhnlichen Traubenkirsche reifen von Juli bis August und sollten dann auch rasch gepflückt werden. Denn viele Vögel schätzen sie auch. Wegen ihres bittersüßen Geschmacks verwertet man Traubenkirschen am besten nur zusammen mit anderen, milder schmeckenden Früchten. So ergeben sie delikate Marmeladen, Gelees und Säfte. Sie eignen sich auch getrocknet und gemahlen für süßes Gebäck. Die Samen der Gewöhnlichen Traubenkirsche enthalten jedoch die giftige Blausäure. Daher müssen die Samenkerne vor der Verarbeitung vollständig entfernt werden. Sie dürfen nicht zerkaut, zermahlen oder zerquetscht werden. Nutzbar sind auch die Blüten des Strauchs, als kandierte Süßigkeit und zur Teebereitung.

› Giftige Doppelgänger

Gewöhnlicher Liguster S. 139 (Blätter kreuzgegenständig), **Kirschlorbeer S. 137** (Blätter wechselständig, ganzrandig) und **Echter Kreuzdorn S. 140** (Blätter gegenständig) haben giftige Früchte, die ebenfalls kugelig, erbsengroß und glänzend schwarz sind. Daher nur nach genauer Bestimmung verwenden.

Schwarzer Holunder

Sambucus nigra **Moschuskrautgewächse**

H 2–10 m Juni–Juli Strauch oder Baum

Merkmale Sommergrüner, reich verzweigter Strauch oder kleiner Baum mit überhängenden Zweigen. Borke grau und warzig, riecht unangenehm. Mark der Zweige weiß. Blätter gegenständig, bestehen aus 6–7 Teilblättchen, diese 5–10 cm lang, eiförmig, am Rand gesägt. Cremeweiße, duftende Blüten in flachen, doldenartigen Blütenständen an den Enden der Zweige. Hängender Fruchtstand aus zahlreichen kugeligen, beerenartigen, bei Reife glänzend schwarzen Steinfrüchten. Fruchtreife und Ernte im September.

Fundort Feuchte Laub- und Mischwälder, Waldränder, Hecken und Gebüsche.

Ernte und Verwertung Holunderblüten aromatisieren Getränke, Kuchen und Süßspeisen. Als Hollerküchle, das sind in Pfannkuchenteig getauchte und knusprig ausgebackene Blütendolden, haben sie mittlerweile Kultstatus. Holunderbeeren werden zu Saft, Marmelade und Gelee verarbeitet und sind auch in Likör und Essig eine Bereicherung für den Speisezettel. Sie dürfen aber nur vollreif und gekocht gegessen werden, da sie wie die Blätter und die Blütenstiele Blausäureglykoside enthalten, die sich erst beim Kochen zersetzen.

> Giftige Doppelgänger

Zwerg-Holunder S. 136 (Staude!) und **Gewöhnlicher Efeu S. 143** (ungeteilte, ganzrandige Blätter) haben ähnlich schwarze Früchte. **Gewöhnlicher Schneeball S. 137** und **Trauben-Holunder S. 141** tragen reife rote Früchte, der **Wollige Schneeball S. 138** zunächst rote Steinfrüchte, die mit der Reife schwarz werden.

Gewöhnlicher Wacholder

Juniperus communis **Zypressengewächse**

H 4–12 m Apr.–Mai Baum oder Strauch

Merkmale Immergrüner, oft mehrstämmiger Baum oder Strauch mit typisch säulenförmigem Wuchs. Stamm zunächst mit glatter rotbrauner Rinde, diese wird später zu graubrauner, schuppiger, längsrissiger Borke. Trägt ausschließlich Jugendnadeln, diese etwa 1 cm lang, steif, spitz, grün, oben mit weißem Mittelband, duften beim Zerreiben aromatisch apfelähnlich. Männliche Blüten gelb, klein, weibliche Blüten grün. Früchte erbsengroße, kugelige, zunächst grüne, bei Reife schwarze Beerenzapfen, sitzen kaum sichtbar gestielt direkt an den Zweigen, enthalten 2–3 3-kantige Samen.

Fundort Heide, Moore, helle Nadelwälder.

Ernte und Verwertung Wacholderbeeren werden im Oktober und November geerntet. Ihre Entwicklung zum fertigen, blauschwarzen „Beerenzapfen“ dauert 3 Jahre. Die reifen Früchte werden getrocknet zum Würzen von Wild, fettem Fleisch und Sauerkraut verwendet. Sie sind auch Bestandteil vieler Schnäpse. Frische Wacholderbeeren ergeben zerdrückt und mit weicher Butter verrührt einen pikanten Brotaufstrich. Aber sie müssen sparsam dosiert werden, da es bei übermäßigem Gebrauch zu Reizungen der Niere kommen kann.

› Giftige Doppelgänger

Der Gewöhnliche Wacholder hat 2 hochgiftige Verwandte, die in Form, Farbe und Größe ähnliche Früchte tragen. Das sind der **Sadebaum S. 139** mit deutlich gestielten, überhängenden Beerenzapfen und der **Virginische Wacholder S. 140** mit ebenfalls deutlich gestielten, aber aufrechten Beerenzapfen.

Gewöhnliche Berberitze

Berberis vulgaris **Berberitzengewächse**

H 1–3 m Apr.–Juni Strauch

Merkmale Sommergrüner, reich verzweigter Strauch. Zweige lang, dünn, rutenförmig, mit vielen 3-teiligen Dornen. Blätter wechselständig, eiförmig, am Rand gesägt, 2–6 cm lang, sitzen in Büscheln in den Achseln der Dornen. Gelbe, süß duftende Blüten, in gestielten, hängenden, fingerlangen Trauben angeordnet. Glasig rote, längliche Beerenfrüchte, enthalten meist 2 Samenkerne. Fruchtreife von August bis Oktober.
Fundort Waldränder, Hecken, sonnige Hügel. Wächst bis in Höhenlagen von 2700 m.
Ernte und Verwertung Wer sich die Ernte erleichtern will, pflückt nicht die einzelnen Beeren, sondern schneidet die gesamte Fruchttraube mit der Schere ab. Die säuerlich schmeckenden, vollreifen Beeren können roh, gekocht, getrocknet und kandiert gegessen werden. Man verarbeitet sie zu Säften, Essig, Fruchtmus und in Kombination mit Äpfeln oder Kürbis zu Marmeladen und Gelees. Auch Bonbons und Tees kann man damit aromatisieren. Essbar sind nur die reifen Früchte. Alle anderen Pflanzenteile, besonders die Wurzeln des Strauchs, gelten als schwach giftig. Auch von einem Verzehr der Früchte von Zier- und Gartenarten wird dringend abgeraten.

> Giftiger Doppelgänger

Der **Bittersüße Nachtschatten S. 143** blüht violett. Er trägt auch rote, längliche Beeren, hat aber wechselständige und ganzrandige Blätter. Der kletternde Halbstrauch ist zudem unbedornt.

Gewöhnliche Hasel

Corylus avellana **Birkengewächse**
H 2–5 m Feb.–Apr. Strauch oder Baum

Merkmale Sommergrüner, vielstämmiger Strauch oder Baum. Zweige rutenförmig und biegsam, Rinde graubraun, glänzend, mit hellen Korkwarzen besetzt. Blätter wechselständig, rundlich bis eiförmig, kurz gestielt, mit gesägtem Rand, beidseitig behaart, erscheinen nach der Blüte. Männliche Blüten in gelben, hängenden Kätzchen, weibliche in knospenförmigen aufrechten Blütenständen, aus denen tiefrote Narben büschelig herausragen. Nussfrüchte mit harter Schale, hängen zu 2–3 zusammen, stecken in einer grünen, becherförmigen Hülle. Fruchtreife September/Oktober.

Fundort Besiedelt Laubwälder, Waldränder und Hecken in sonnigen Lagen. Kommt bis in Höhen von 1800 m vor.

Ernte und Verwertung Haselnüsse enthalten nicht nur Vitamine, Calcium, Magnesium und Eisen, sondern auch Eiweißstoffe und bis zu 63 % Fett. Ihr Kaloriengehalt übertrifft daher sogar den von fettem Fleisch. Die Früchte der Haselsträucher werden getrocknet, geröstet und gemahlen für die Zubereitung von süßen Brotaufstrichen, Kuchen, Kleingebäck, Pudding, Schokolade und vielem mehr verwendet. Auch werden sie zu Öl verarbeitet. Wild wachsende Haselnüsse können von September bis in den Winter gesammelt werden. Nach dem Sammeln lässt man sie trocknen, befreit sie von ihrer harten Schale und, wer mag, auch von der leicht bitter schmeckenden, dünnen, hellbraunen Haut, die den Haselnusskern umgibt. Letzteres geschieht ganz einfach durch kurzes Rösten im Backofen und anschließendem Reiben zwischen den Händen. Dieses Rösten intensiviert auch das Nussaroma, so dass geröstete Haselnüsse besser schmecken als frische vom Strauch. Wer beim Ernten der Früchte den Wettlauf mit den Eichhörnchen nicht mag, pflanzt Haselsträucher im eigenen Garten an einen sonnigen, nährstoffreichen Standort.

Gewöhnlicher Sanddorn

Hippophae rhamnoides **Ölweidengewächse**

H 2–6 m Apr. Strauch

Merkmale Sommergrüner Strauch. Zweige dornig. Blätter wechselständig, weidenähnlich lang und schmal, ganzrandig, oben graugrün, unten silbrig. Blüten klein, gelbgrün, weibliche Blüten einzeln, männliche in Gruppen, erscheinen vor den Blättern. Beerenartige orangefarbene Frucht. Fruchtreife und Ernte September/Oktober.

Fundort Verbreitet an Meeresküsten und an den Flüssen der Alpen und des Alpenvorlands.

Ernte und Verwertung Die Früchte des Sanddorns gehören zu den vitaminreichsten der heimischen Wildobstarten. Sie enthalten in 100 mg Fruchtfleisch bis zu 1200 mg Vitamin C, daneben B-Vitamine und die Vitamine E und F. Man genießt sie zusammen mit anderen Früchten roh in einem Obstsalat, sie passen als Zusatz zu Fruchtkompott oder als Saft zu Joghurt, Eis, Limonade und sogar Fischsuppen. Vielerorts werden die sauren Beeren mit Äpfeln, Birnen, Quitten oder Orangen zu Marmelade verarbeitet. Vorsichtig getrocknet geben sie Grillfleisch eine pikant säuerliche Note. Sanddornfrüchte sind sehr empfindlich und werden beim Abpflücken leicht zerdrückt. Deshalb ist es sinnvoll, sie vorsichtig mit einer Schere von den Zweigen zu schneiden.

› Giftiger Doppelgänger

Der **Gewöhnliche Seidelbast S. 142** hat eine gewisse Ähnlichkeit mit sehr kleinen Sanddornsträuchern. Doch diese stark giftige Pflanze besitzt im Unterschied zum Sanddorn mit dichten Korkwarzen besetzte Zweige ohne Dornen. Ihre Früchte sind leuchtend hellrote, glänzende, erbsengroße Steinfrüchte.

Blaubeere, Heidelbeere

Vaccinium myrtillus **Heidekrautgewächse**

H 10–50 cm Mai–Juni Zwergstrauch

Merkmale Sommergrüner Zwergstrauch. Stängel aufrecht, kantig, grün. Blätter wechselständig, eiförmig, beiderseits grün, am Rand fein gesägt, kurz gestielt. Blüten erst grün, später weinrot, kugelig bis glockig, meist einzeln in den Blattachseln. Bei Reife blauschwarze Beerenfrüchte, hellblau bereift, Fruchtfleisch und Saft dunkelrot.
Fundort Vor allem in bodensauren Nadelwäldern und auf Heiden.
Ernte und Verwertung Die beste Erntezeit für Blaubeeren sind die Monate August/September. Dann sind die Früchte blauschwarz und reif und können nicht mit reifen roten Preiselbeeren verwechselt werden. Blaubeerblätter werden in den Monaten Juni/Juli gesammelt. Blaubeeren sind vitaminreiche Wildfrüchte. Sie schmecken am besten roh und frisch vom Strauch. Doch auch in Kuchen, Marmeladen, zusammen mit anderen Früchten in roter Grütze und als Blaubeerlikör sind sie wirklich gut. Die Blätter ergeben heilkräftige Tees. Die Volksmedizin nutzt sie als blutzuckersenkendes Mittel. Blaubeerblätter wurden früher als leicht giftig eingestuft. In neueren Untersuchungen konnte das dafür verantwortliche Arbutin aber nicht nachgewiesen werden.

> Giftige Doppelgänger

Die **Rauschbeere S. 134** hat unterseits graugrüne, ganzrandige Blätter, das Fruchtfleisch der Früchte ist farblos. Die **Schwarze Krähenbeere S. 142** weist nadelförmige, immergrüne Blätter und glänzend schwarze Früchte auf. Die **Vierblättrige Einbeere S. 133** hat nur eine einzelne ähnliche Beere.

Porträts zu 72 Doppelgänger-Giftpflanzen

Erdbeer-Fingerkraut

Potentilla sterilis

Rosengewächse

> H 5–10 cm > März–Mai
> mehrjährig > ungenießbar

Merkmale Stängel kriecht am Boden oder richtet sich bogig auf, abstehend behaart. Blätter erdbeerblattartig 3-teilig, Teilblättchen eiförmig, oben dunkelgrün, unten heller und seidig glänzend behaart, überlappen sich nicht. Blattrand gezähnt, Zahn an der Blattspitze kleiner und kürzer als seine Nachbarzähne. Blüten weiß, 5 herzförmige Blütenblätter, berühren sich nicht gegenseitig.

Fundort Besiedelt Eichen-Hainbuchenwälder, gedeiht auch an Wegrändern, auf Dämmen und Feldrainen. Braucht nährstoffreichen Boden, der kalkarm sein sollte.

Wissenswertes Die Blätter des Erdbeer-Fingerkrauts haben im Unterschied zu den Blättern der Wald-Erdbeere keine heilkräftigen Inhaltsstoffe. In der Volksmedizin sind sie bedeutungslos. Auch trägt die Pflanze keine essbaren Früchte wie die Wald-Erdbeere, worauf der Artzusatz *sterilis* hinweist.

Verwechslungsmöglichkeit
Mit Wald-Erdbeere S. 68 denkbar.

Großer Wasserfenchel

Oenanthe aquatica

Doldenblütler

> H 30–150 cm > Juni–Aug.
> mehrjährig > giftig

Merkmale Stängel aufrecht, rund, hohl, gefurcht, an der Basis stark verdickt. Blätter wechselständig am Stängel angeordnet, 2-fach gefiedert, mit kurzen schmalen Endabschnitten. Große Blütendolden aus 8–12 Strahlen. Weiße Einzelblüten, um 2 mm, 5 Blütenblätter. Frucht oval, 3–4 mm lang, halb so dick, undeutlich gerippt.

Fundort Wächst in stehenden oder langsam fließenden Gewässern, im Röhricht von Tümpeln, auch an zeitweise überschwemmten Stellen in Auwäldern. Braucht nährstoff- und kalkreichen, zeitweise überfluteten Schlammboden.

Wissenswertes Die Pflanze enthält in allen Teilen, besonders in den Blättern, Giftstoffe, die krampfartige Durchfälle verursachen können. Vergiftungen wurden bislang nur bei Tieren, vor allem bei Pferden und Rindern bekannt, nicht beim Menschen.

Verwechslungsmöglichkeit
Mit Brunnenkresse S. 16 und Gewöhnlichem Wiesen-Kerbel S. 44.

Zweihäusige Zaunrübe

Bryonia dioica

Kürbisgewächse

> H 50–300 cm > Juni–Sept.
> mehrjährig > giftig

Merkmale Kletternde Staude mit borstigen, kantigen Stängeln und unverzweigten, spiralig gewundenen Ranken. Blätter wechselständig, mit gebogenem Stiel, breit-herzförmig, fingerförmig gelappt, auf beiden Seiten borstig behaart. Blüten weiß, Blütenblätter mit fast parallelen grünen Adern. Frucht eine Beere, 6–10 mm dick, ist zunächst grün, reif rot gefärbt.
Fundort Waldränder, Hecken, Gebüsche.
Wissenswertes Alle Pflanzenteile, besonders aber Beeren und Wurzeln, enthalten das Glykosid Bryonin, das bei oraler Aufnahme Übelkeit, Erbrechen und heftige Koliken verursacht, in höheren Dosen auch zum Tod durch Atemlähmung führen kann. Für Erwachsene gelten 40 Beeren, für Kinder 15 Beeren als tödliche Dosis. Erste Vergiftungserscheinungen wie Übelkeit und Schwindel treten bereits nach Verzehr von 6–8 Beeren auf.

Verwechslungsmöglichkeit
Mit Gewöhnlichem Hopfen S. 35.

Gewöhnliches Maiglöckchen

Convallaria majalis

Spargelgewächse

> H 10–25 cm > Mai–Juni
> mehrjährig > giftig

Merkmale Blütenstängel blattlos. 2 große, länglich eiförmige Blätter, Blattunterseite glänzend. Glockenförmig überhängende, intensiv duftende weiße Blüten. Kugelige, etwa erbsengroße rot glänzende Beerenfrüchte, reifen von August bis September.
Fundort Wächst mit Ausnahme des hohen Nordens in ganz Europa in Laubwäldern, besonders in Eichen- und Buchenwäldern. In sehr schattigen Wäldern oft nur Blätter, aber keine Blüten. Liebt warme, lockere Böden.
Wissenswertes Alle Pflanzenteile, besonders aber Blüten und Früchte, enthalten zahlreiche herzwirksame Glykoside sowie Saponine. Immer wieder treten Vergiftungen durch den Verzehr von Blättern und roten Beeren auf. Bereits das Kauen an Blättern und Blütenstielen, ja selbst das Trinken von Wasser, in denen die Stiele standen, ist gefährlich.

Verwechslungsmöglichkeit
Mit Bärlauch S. 22 denkbar.

Echtes Salomonssiegel

Polygonatum odoratum

Spargelgewächse

> H 20–50 cm > Mai–Juni
> mehrjährig > giftig

Merkmale Stängel scharfkantig, hängt bogig über. Blätter wechselständig, langoval. Glockenförmige, nach Bittermandelöl duftende Blüten, weiß mit grünem Saum, stehen oft einzeln, manchmal auch zu 2 in den Blattachseln. Ab August/September reifen kugelige dunkelblaue, widerlich süß schmeckende Beerenfrüchte, etwa 6 mm im Durchmesser.

Fundort Wächst in lichten, trockenen Laub- und Mischwäldern auf kalkhaltigem Untergrund, auch auf steinigen, buschigen Hängen bis in Höhenlagen von 1800 m. In Nadelforsten selten. Kalkliebend.

Wissenswertes Alle Pflanzenteile der *Polygonatum*-Arten, vor allem die Beeren, enthalten Saponine und weitere Giftstoffe, die unangenehme Brechdurchfälle hervorrufen. Bisher vermutete herzaktive Stoffe sind nach neueren Untersuchungen dagegen nicht vorhanden.

Verwechslungsmöglichkeit
Mit Bärlauch S. 22 denkbar.

Kriechender Hahnenfuß

Ranunculus repens

Hahnenfußgewächse

> H 10–50 cm > Mai–Aug.
> mehrjährig > giftig

Merkmale Häufige Hahnenfußart. Kriecht am Boden mit oberirdischen Ausläufern, die an den Blattansätzen wurzeln. Stängel liegend, gelegentlich aufgerichtet. Grundblätter bestehen aus 3 Abschnitten, alle grob gezähnt. Stängelblätter auch 3-teilig, der Mittelabschnitt deutlich gestielt. Gelbe, glänzende Blüten, 5 rundliche Blütenblätter.

Fundort Auf feuchten, verdichteten, nährstoffreichen Standorten, auf Wiesen und Weiden, in Feldern, an Ufern und Wegen.

Wissenswertes Der Kriechende Hahnenfuß enthält in allen Pflanzenteilen die Giftstoffe Protoanemonin und Anemonin. Der Gehalt an Protoanemonin im frischen Kraut ist allerdings vergleichsweise gering und liegt nach neueren Untersuchungen nur bei 0,01 %. Infolgedessen darf die Pflanze als schwach giftig eingestuft werden. Vergiftungen beim Menschen sind selten, aber bekannt.

Verwechslungsmöglichkeit
Mit Gänse-Fingerkraut S. 24 denkbar.

Gewöhnliches Schöllkraut

Chelidonium majus

Mohngewächse

> H 20–90 cm > Apr.–Okt.
> mehrjährig > giftig

Merkmale Pflanze mit orangegelbem Milchsaft. Stängel aufrecht, verzweigt. Blätter gefiedert, einzelne Blattabschnitte eiförmig, unregelmäßig stumpf gezähnt, oben hellgrün, an der Unterseite graugrün. Gelbe Blüten, die 4 Blütenblätter fallen schnell ab.
Fundort Man findet es an Wegen, Wald- und Gebüschrändern, auf Mauern und in Steinritzen. Gilt als Stickstoffzeiger.
Wissenswertes Die Pflanze enthält eine Reihe giftiger Alkaloide, die eingenommen Übelkeit, Benommenheit und Herzrhythmusstörungen verursachen, in schweren Fällen auch zum Tod durch Kollaps führen. Extrakte des Schöllkrauts waren früher ein häufig verwendetes Heilmittel bei Leber- und Gallenleiden. Volkstümlich bekannt ist es als Warzenmittel. Diese Wirkung des giftigen Milchsafts wird auf seine bakterientötenden und zellteilungshemmenden Eigenschaften zurückgeführt.

Verwechslungsmöglichkeit
Mit Gewöhnlicher Knoblauchsrauke S. 18.

Acker-Schöterich

Erysimum cheiranthoides

Kreuzblütler

> H 20–60 cm > Mai–Okt.
> einjährig > giftig

Merkmale Stängel aufrecht, kantig, behaart. Blätter beidseitig behaart. Grundblätter lang gestreckt, ganzrandig oder wenig gezähnt, in kurz gestielter Rosette angeordnet. Stängelblätter in Form und Blattrand ähnlich, aber oft ungestielt. Gelbe Blüten in lockeren Büscheln an der Stängelspitze, etwa 1 cm im Durchmesser, 4 Blütenblätter. Frucht 4-kantig, bis 25 mm lang, anliegend behaart, ungeschnäbelt.
Fundort Feuchte Äcker, auch in Unkrautgesellschaften auf Ödland, an Ufern, Wegrändern und in Gärten.
Wissenswertes Untersuchungen haben gezeigt, dass der Acker-Schöterich in allen Pflanzenteilen, besonders aber in den Samen, herzwirksame Stoffe enthält und hautreizend wirkt. Doch Vergiftungsfälle wurden bislang nicht bekannt.

Verwechslungsmöglichkeit
Mit Hederich S. 17, Gewöhnlichem Barbarakraut S. 25, Acker-Senf S. 49 und Schwarzem Senf S. 50 denkbar.

Wegrauke

Sisymbrium officinale
Kreuzblütler

> H 20–60 cm > Mai–Okt.
> einjährig > giftig

Merkmale Kresseartig riechende Pflanze. Stängel aufrecht, rund, reich verzweigt, mit abwärtsgerichteten Haaren bestanden. Grundständige Blätter und untere Stängelblätter gestielt, bis fast auf die Mittelrippe in 3–9 unterschiedlich große Abschnitte zerteilt, oben und unten behaart. Obere Stängelblätter kleiner, oft ungeteilt oder nur aus 2–4 Abschnitten bestehend. Blüten in runden Büscheln an der Stängelspitze, blassgelb, 4 schmale Blütenblätter.
Fundort Besiedelt häufig Weg- und Straßenränder, Schuttplätze und Ödflächen.
Wissenswertes Die Wegrauke wird als giftig bis wenig giftig eingestuft. Sie enthält Senfölglykoside und Gerbstoffe. In neueren Untersuchungen fand man außerdem in geringen Mengen digitalisähnliche Glykoside. Von einer Verwendung ist wegen der möglichen herzwirksamen Nebenwirkungen abzuraten.

Verwechslungsmöglichkeit
Mit Gewöhnlichem Barbarakraut S. 25.

Gewöhnliche Nachtviole

Hesperis matronalis
Kreuzblütler

> H 40–90 cm > Apr.–Juli
> zweijährig-mehrjährig > giftig

Merkmale Stängel aufrecht, meist verzweigt. Blätter eiförmig, lang zugespitzt, am Rand gezähnt, beidseitig kurz behaart. Violette, seltener auch weiße Blüten in dichten Trauben am Stängelende, duften intensiv. 4 Blütenblätter. Frucht ist eine aufrecht abstehende, mehr als 5 cm lange, dünne Schote.
Fundort Wächst in Fluss- und Bachauen, an Wegrändern, in feuchten Gebüschen, an nassen Stellen in Laubwäldern. Aus Kultur verwildert und fest eingebürgert.
Wissenswertes „Viole" ist eine allgemeine Bezeichnung für Blumen mit intensiv duftenden Blüten. Diese inzwischen bei uns heimische Wildpflanze umgibt sich abends und nachts mit einem angenehmen Duft und lockt so Nachtschmetterlinge als Bestäuber an. Durch ihren Gehalt an herzwirksamen Glycosiden wird die Nachtviole insgesamt als schwach giftig eingestuft.

Verwechslungsmöglichkeit
Mit Wiesen-Schaumkraut S. 28.

Acker-Gauchheil
Anagallis arvensis
Primelgewächse

> H 10–25 cm > Juni–Okt.
> einjährig > giftig

Merkmale Stängel kantig, am Boden liegend oder aufgerichtet. Blätter gegenständig, eiförmig, ganzrandig, ungestielt. Blüten einzeln in den Blattachseln, lang gestielt, 5 ziegelrote oder blaue Blütenblätter.
Fundort Auf Äckern weit verbreitet.
Wissenswertes „Gauchheil" bedeutet so viel wie „heilt Geisteskranke". Die Pflanze gilt wegen ihres hohen Saponingehalts als giftig. Sie enthält außerdem Flavonoide und Gerbstoffe. Doch keine dieser Substanzen zeigte bisher eine Wirksamkeit gegen psychische Erkrankungen. In der Homöopathie wird der Acker-Gauchheil heute noch ab und zu bei Leber- und Gallenleiden eingesetzt. Vergiftungen durch die Pflanze wurden vor allem bei Haustieren beobachtet, sind aber auch beim Menschen nach Aufnahme größerer Mengen möglich. Hautkontakt mit den Blättern kann eine allergische Reaktion hervorrufen.

Verwechslungsmöglichkeit
Mit Vogelmiere S. 14 denkbar.

Schwarznessel
Ballota nigra
Lippenblütler

> H 30–100 cm > Juni–Juli
> mehrjährig > ungenießbar

Merkmale Unangenehm riechende Pflanze. Stängel aufrecht, 4-kantig, verzweigt, dicht behaart. Blätter gegenständig, gestielt, herzförmig, weichhaarig, am Rand grob gezähnt, 2–5 cm lang. Blüten hellpurpurn, zu 4–10 in quirlartigen Blütenständen in den Blattachseln, Blütenkelch trichterförmig, mit 5 breiten, spitzen Zähnen und 10 Rippen.
Fundort Wächst als stickstoffliebende Art auf Schuttplätzen, an Zäunen, Weg- und Heckenrändern.
Wissenswertes Diese auch „Stinkandorn" oder „Schwarzer Gottvergess" genannte Pflanze wächst am gleichen Standort wie die im Aussehen ähnliche Rote Taubnessel, macht aber mit einem unangenehmen Geruch auf sich aufmerksam. Auch ihr nach dem Verblühen fast schwärzliches Erscheinungsbild schließt eine Verwechslung mit der schmackhaften und vielseitig verwendbaren Taubnessel nahezu aus.

Verwechslungsmöglichkeit
Mit Roter Taubnessel S. 29 denkbar.

Gewöhnliche Pestwurz

Petasites hybridus

Korbblütler

> H 10–40 cm > Feb.–Mai
> mehrjährig > giftig

Merkmale Stängel dick, rötlich angehaucht. Blätter oben grün, unten grau behaart, herzförmig, am Rand gezähnt, ausgewachsen bis zu 1 m lang und 60 cm breit. Blüten rötlich weiß bis schmutzig rot, in traubenförmigem Blütenstand am Stängelende, erscheinen vor den Blättern.

Fundort Bachufer, feuchte Waldränder.

Wissenswertes Die Pestwurz enthält in allen Teilen stark wechselnde Mengen an Pyrrolizidinalkaloiden, deren krebserregende Wirkung bekannt ist. Diese Alkaloide sind in einer Reihe von Pflanzen enthalten, in hohen Konzentrationen in Greiskrautarten, in Spuren auch im Huflattich. Sie wurden inzwischen selbst dort nachgewiesen, wo man sie zunächst nicht vermutet, so z. B. in Honig oder Milch von Kühen, Schafen und Ziegen, die alkaloidhaltiges Futter in großen Mengen gefressen haben.

Verwechslungsmöglichkeit
Verwechslung mit Huflattich S. 26 und Großer Klette S. 58 denkbar.

Herbst-Zeitlose

Colchicum autumnale

Zeitlosengewächse

> H 5–10 cm > Aug.–Okt.
> mehrjährig > giftig

Merkmale Herbstblüher. Bärlauchähnliche Blätter, bis 30 cm lang und 4 cm breit, mit deutlich parallelen Adern, hellgrün glänzend, erscheinen mit den Stängeln im Frühjahr. Krokusähnliche, blassviolette Blüten, deren 6 Blütenblätter am Grund zu einer weißgelben Röhre verwachsen sind.

Fundort In lockeren Beständen auf feuchten Wiesen, in lichten, feuchten Wäldern.

Wissenswertes Die Herbst-Zeitlose weicht vom bekannten Lebensrhythmus der heimischen Pflanzen ab. Sie blüht im Herbst und bildet ihre Stängel und Blätter im Frühjahr aus. Alle ihre Teile enthalten Colchizin, ein starkes Gift, das den Ablauf der Zellteilung stört. Viele Vergiftungen sind beschrieben, einige auch mit tödlichem Ausgang. Erste Vergiftungssymptome wie Übelkeit, kolikartige Magenschmerzen oder rascher Puls treten erst mehrere Stunden nach Einnahme auf.

Verwechslungsmöglichkeit
Mit Bärlauch S. 22 denkbar.

Teich-Schachtelhalm

Equisetum fluviatile
Schachtelhalmgewächse

> H 50–150 cm > Mai–Juni
> mehrjährig > giftig

Merkmale Fruchtbare und unfruchtbare Stängel unterscheiden sich gestaltlich kaum, erscheinen gleichzeitig. Stängel aufrecht, glatt oder mit feiner, kaum hervortretender Längsstreifung, grün, aus einzelnen, ineinandergeschachtelten Abschnitten aufgebaut, größtenteils unverzweigt. Jeder Abschnitt am oberen Ende mit einer eng anliegenden Scheide aus graugrünen, an der Spitze dunklen Blättchen. An der Spitze fruchtbarer Stängel erscheinen im Sommer 1–2 cm lange Sporenähren, die nach der Sporenreife vertrocknen und abfallen. Sporenreife im Hochsommer, meist von Juni bis August.
Fundort Schlammpflanze in und an stehenden Gewässern. Verbreitet in Gräben, Teichen und Sümpfen.
Wissenswertes Die Pflanze enthält eine Reihe von Alkaloiden, die für Tiere nachweislich giftig sind und wahrscheinlich auch für den Menschen.

Verwechslungsmöglichkeit
Mit Acker-Schachtelhalm S. 34.

Sumpf-Schachtelhalm

Equisetum palustre
Schachtelhalmgewächse

> H 10–50 cm > Juni–Sept.
> mehrjährig > giftig

Merkmale Fruchtbare und unfruchtbare Stängel sind gleich gestaltet, erscheinen gleichzeitig. Stängel grün und sehr rau, mit 4–8 ziemlich tiefen Längsfurchen, aus einzelnen, ineinandergeschachtelten Abschnitten aufgebaut. Jeder Abschnitt am oberen Ende mit einer locker anliegenden Scheide aus 5–10 schmalen, an der Spitze dunklen Blättchen. An all diesen Knoten entspringen kurze, unverzweigte, aufgerichtete Seitenäste. An der Spitze fruchtbare Stängel erscheinen im Frühsommer zapfenartige, 1–3 cm lange Sporenähren.
Fundort Nasse Wiesen, Gräben, Ufer.
Wissenswertes Wirkstoffe im Sumpf-Schachtelhalm sind ein Vitamin-B1-zerstörendes Enzym und das Alkaloid Palustrin, das auch nach Trocknen seine Wirksamkeit behält und zu tödlichen Vergiftungen bei Tieren führen kann. Vergiftungsfälle beim Menschen sind nicht bekannt.

Verwechslungsmöglichkeit
Mit Acker-Schachtelhalm S. 34.

Gewöhnliche Haselwurz

Asarum europaeum

Osterluzeigewächse

> H 5–10 cm > März–Mai
> mehrjährig > giftig

Merkmale Stängel am Boden kriechend oder aufsteigend. Blätter immergrün, nierenförmig, ledrig, glänzend dunkelgrün, am Rand oft rot angelaufen, riechen zerrieben pfefferartig scharf. Blüten braunrot, glockenförmig, kurz gestielt, liegen meist unter den Blättern, riechen nach Kampfer.
Fundort In Laub- und Nadelmischwäldern, meist am Fuß großer Bäume.
Wissenswertes Die auch Brech- oder Pfefferwurz genannte Pflanze ist seit dem Altertum bekannt. Bis die Brechwurzel *(Psychotria ipecacuanha)* aus Brasilien nach Europa kam, war sie das klassische Brechmittel. Das Gift der Haselwurz ist das ätherische Öl Asaron. Es schmeckt auf der Zunge pfefferartig scharf, löst in größeren Mengen verschluckt Übelkeit und Erbrechen aus und kann im Extremfall zum Tod durch Atemlähmung führen.

Verwechslungsmöglichkeit
Mit März-Veilchen S. 30 und Gewöhnlichem Scharbockskraut S. 23.

Gewöhnliche Waldrebe

Clematis vitalba

Hahnenfußgewächse

> H 1–10 m > Juni–Sept.
> Klettergehölz > giftig

Merkmale Hält sich während des Wachstums mit ihren rankenden Blattstielen an anderen Pflanzen fest. Stamm bis zu 3 cm dick, verholzt. Blätter bis zu 25 cm lang, aus 5–7 Teilblättchen zusammengesetzt. Blüten gelblich weiß, 20–30 mm groß, lang gestielt, mit 4–5 Kelch-, aber keinen Blütenblättern, riechen unangenehm. Früchte mit langen, weißen Anhängen.
Fundort In Gebüschen und Wäldern aller Art. Manchmal auch an Mauern und Felsen.
Wissenswertes Die Waldrebe enthält wie alle Hahnenfußgewächse die Giftstoffe Protoanemonin und Anemonin. Im frischen Pflanzensaft sind sie für ihre hautreizende Wirkung bekannt, in der getrockneten Pflanze wirkungslos. Nach innerer Aufnahme frischer Pflanzenteile treten Entzündungen im Mund- und Rachenbereich auf, es kommt zu Störungen der Verdauungswege und des Nervensystems.

Verwechslungsmöglichkeit
Mit Gewöhnlichem Hopfen S. 35.

Europäische Eibe
Taxus baccata
Eibengewächse

> H 6–18 m > März–Apr.
> Baum oder Strauch > giftig

Merkmale Borke rötlich braun, blättert in großen, dünnen Schuppen ab. Nadeln abgeflacht, weich und biegsam, oben glänzend dunkelgrün, unten deutlich heller. Einziger heimischer Nadelbaum, der keine Zapfen, sondern leuchtend rote Beeren trägt. Samen erbsengroß, zur Reifezeit umgeben von einem roten Samenmantel. Samenreife von September bis Oktober.
Fundort Häufig gepflanzter Zierbaum. Wild nur noch in Mittelgebirgslagen und in den Alpen bis in Höhen von 1600 m anzutreffen.
Wissenswertes Mit Ausnahme des roten Samenmantels sind alle Teile des Baums für den Menschen und viele Tiere hochgiftig. Sie enthalten das Alkaloid Taxin, das auch durch Kochen und Trocknen seine Giftigkeit nicht verliert. Vergiftungen treten meist durch das Kauen an Nadeln auf. Bereits einzelne zerkaute Nadeln führen zu Übelkeit, Schwindelgefühl und Koliken.

Verwechslungsmöglichkeit
Mit Gewöhnlicher Fichte S. 39.

Gewöhnliche Hainbuche
Carpinus betulus
Birkengewächse

> H 7–25 m > Apr.–Mai
> Baum > ungenießbar

Merkmale Reich verzweigter Laubbaum mit breiter Krone. Stamm glatt, mit breitem, längs verlaufendem Netzmuster. Blätter wechselständig, oval, faltig, oben sattgrün, unten heller, am Rand doppelt gesägt. Männliche und weibliche Blüten als hängende Kätzchen. Früchte kleine Nüsse mit 3-lappigem Deckblatt, hängen in bis zu 15 cm langen Fruchtständen. Fruchtreife September bis Oktober.
Fundort In krautreichen Laubmischwäldern und Parks, auch in Hecken. Einer der häufigsten heimischen Laubbäume.
Wissenswertes Hainbuchenblätter sehen denen der Rot-Buche recht ähnlich. Hier hilft eine Kostprobe bei der Unterscheidung. Während junge, zarte Rotbuchenblätter angenehm säuerlich schmecken, sind die Blätter der Hainbuche wegen ihres hohen Gerbstoffgehalts ausgesprochen bitter. Sie werden in der Küche nicht verwendet.

Verwechslungsmöglichkeit
Mit Rot-Buche S. 38 denkbar.

Busch-Windröschen

Anemonoides nemorosa

Hahnenfußgewächse

> H 5–25 cm > März–Mai
> mehrjährig > giftig

Merkmale Stängel aufrecht, rund. Im oberen Stängelbereich 3 Hochblätter, am Boden einzelnes Grundblatt. Alle Blätter gestielt, 3–5-teilig, am Rand ungleichmäßig und grob gezähnt. Pro Stängel eine weiße, am Rand oft rosa überlaufene Blüte, 6–8 Blütenblätter.
Fundort Laub- und Nadelwälder, feuchte Hecken, im Bergland auch auf Wiesen. Sehr häufig.
Wissenswertes Die Pflanze enthält in allen Teilen Gifte wie Protoanemonin und Anemonin. Sie können Hautreizungen verursachen und eingenommen Brechdurchfälle auslösen, die Schleimhäute der Luftwege schädigen, im Extremfall auch zum Tod durch Atemlähmung führen. Nach Literaturangaben soll die tödliche Dosis bei etwa 30 frischen Pflanzen liegen. In der getrockneten Pflanze sind die Gifte unwirksam. Für die mittelalterlichen Jäger war Anemonensaft ein häufig verwendetes Pfeilgift.

Verwechslungsmöglichkeit
Mit Wald-Sauerklee S. 42 denkbar.

Gefleckter Schierling

Conium maculatum

Doldenblütler

> H 1–2 m > Juni–Aug.
> einjährig–zweijährig > giftig

Merkmale Die ganze Pflanze riecht unangenehm nach Mäuseharn. Stängel rund, glänzend, fein gerillt, blau bereift, im unteren Bereich mit rotbraunen Flecken. Blätter dunkelgrün, weich und schlaff, fein zerteilt. Große weiße Blütendolden. 3 mm dicke, eiförmige grünbraune Frucht.
Fundort Straßen, Gräben, Ödland.
Wissenswertes Der Gefleckte Schierling gehört zu den giftigsten Pflanzen. Sein Hauptgift, das Coniin, ist in allen Teilen enthalten, in besonders konzentrierter Form in den Samen. Dieses Gift lähmt innerhalb kurzer Zeit das Atemzentrum. Doch ist er mit seinem Geruch gut zu erkennen.

Verwechslungsmöglichkeit
Mit Gewöhnlichem Giersch S. 15, Kleiner Bibernelle S. 43, Gewöhnlichem Wiesen-Kerbel S. 44, Wiesen-Schafgarbe S. 48, Gewöhnlicher Wald-Engelwurz S. 70, Wiesen-Bärenklau S. 71, Süßdolde S. 72, Echtem Pastinak S. 78.

Hecken-Kälberkropf
Chaerophyllum temulum
Doldenblütler

> H 30–150 cm > Mai–Juli
> einjährig > giftig

Merkmale Stängel fein gerillt, rot gefleckt, borstig behaart, unter den Blattansätzen deutlich verdickt. Blätter 2-fach gefiedert, einzelne Fiederblättchen eiförmig, am Rand gekerbt, riechen zerrieben unangenehm. Weiße Blütendolden. 7 mm lange Frucht mit gelblichen Rippen.
Fundort Halbschattige Waldränder, Hecken- und Gebüschsäume, Parkanlagen.
Wissenswertes Wird sie zerrieben, so verströmt diese schwach giftige Pflanze einen unangenehmen Geruch. Als Hauptwirkstoff enthält sie in Blättern und Früchten das Alkaloid Chaerophyllin, das Schwindelgefühle hervorruft. Echte Vergiftungen wurden bisher nur bei Tieren beobachtet. So zeigten Kälber nach Aufnahme größerer Mengen zunächst Taumelbewegungen und später Lähmungen.

Verwechslungsmöglichkeit
Mit Gewöhnlichem Giersch S. 15, Gewöhnlicher Wald-Engelwurz S. 70 und Wiesen-Bärenklau S. 71.

Hundspetersilie
Aethusa cynapium
Doldenblütler

> H 10–100 cm > Juni–Okt.
> einjährig > giftig

Merkmale Stängel rund, fein gerillt, bläulich bereift, oft rot überlaufen. Blätter auffallend glänzend, oben dunkelgrün, unten heller, fein zerteilt, riechen zerrieben nach Knoblauch. Weiße Blütendolden. Kugelig eiförmige Frucht, 3–5 mm lang, hellbraun mit dunklen Streifen.
Fundort Felder, Bahndämme, Weinberge.
Wissenswertes „Aethusa" ist ein alter Pflanzenname. Er leitet sich vom griechischen „aithousa" ab und bedeutet „die Leuchtende" oder „die Brennende". Wahrscheinlich erhielt die Hundspetersilie ihren wissenschaftlichen Namen wegen ihrer glänzenden Blätter und wegen ihres scharfen Geschmacks. Sie enthält in allen Teilen Polyine wie Aethusin und Aethusanol, in geringen Mengen auch das Schierlingsgift Coniin und wird als sehr stark giftig eingestuft.

Verwechslungsmöglichkeit
Mit Gewöhnlichem Giersch S. 15, Gewöhnlicher Wald-Engelwurz S. 70, Wiesen-Kümmel S. 73 und Wilder Möhre S. 90.

Wald-Labkraut
Galium sylvaticum
Rötegewächse

> H 40–120 cm > Juni–Sept.
> mehrjährig > ungenießbar

Merkmale Unangenehmer Geruch nach Lack. Stängel aufrecht, rund, verzweigt. Blätter lang und schmal, am Rand rau, besonders unten blaugrün, in Quirlen zu 6–8 stockwerkartig am Stängel angeordnet. Kleine weiße Blüten, bilden einen lockeren, rispenartigen Gesamtblütenstand. Auffallend dünne Blütenstiele.
Fundort Auf nährstoffreichen Böden in krautreichen Laubwäldern Mitteleuropas, besonders in Eichen- und feuchten Buchenwäldern. Wärme- und kalkliebend.
Wissenswertes Auf den ersten Blick glaubt man, vor Waldmeister zu stehen, wenn man diese Pflanze sieht. Doch blüht dieser im Mai und duftet beim Welken intensiv süß. Das Wald-Labkraut dagegen verströmt einen unangenehmen Lackgeruch. Deutliche Kennzeichen für diese Pflanze sind die lockeren Blütenstände, ihre beeindruckende Größe und ihr runder Stängel.

Verwechslungsmöglichkeit
Mit Waldmeister S. 46 denkbar.

Mutterkraut
Tanacetum parthenium
Korbblütler

> H 30–60 cm > Juni–Sept.
> mehrjährig > giftig

Merkmale Intensiv kampferartig riechende Pflanze. Stängel aufrecht, etwas behaart, nur im Blütenstandsbereich verzweigt. Blätter wechselständig, im Umriss eiförmig, tief geteilt, im unteren Stängelbereich gestielt, oben ungestielt. Blütenköpfchen aus weißen, zungenförmigen Randblüten und gelben, mittigen Röhrenblüten.
Fundort Heimat Mittelmeergebiet. In Mitteleuropa häufig in Bauerngärten kultiviert. Wächst verwildert in der Nähe von Ortschaften, entlang von Hecken und Zäunen, auf Mauern, in Wäldern und Gebüschen.
Wissenswertes Das Mutterkraut enthält ätherisches Öl mit Kampfer und anderen Bestandteilen. Es gilt als einer der wesentlichen Auslöser allergischer Hautreaktionen. Allergiker sollten daher den Hautkontakt mit der frischen Pflanze und das Einatmen von Pflanzenstaub, z. B. beim Verarbeiten trockener Pflanzen, vermeiden.

Verwechslungsmöglichkeit
Mit Magerwiesen-Margerite S. 47.

Scharfer Mauerpfeffer

Sedum acre

Dickblattgewächse

> H 3–15 cm > Juni–Aug.
> mehrjährig > giftig

Merkmale Stängel kriecht am Boden. Blätter dick und fleischig, 3-eckig bis eiförmig, oben abgeflacht, unten gewölbt. Goldgelbe Blüten, deren 5 schmale Blütenblätter sternförmig ausgebreitet sind und fast waagrecht abstehen.

Fundort Wächst auf Kieswegen und Dächern, an Mauern, in Felsspalten.

Wissenswertes Die Pflanze heißt „Mauerpfeffer", da sie in dichten Teppichen an alten Mauern wächst und brennend scharf schmeckt. Der Scharfe Mauerpfeffer enthält giftige Alkaloide und unerforschte Scharfstoffe. Schon ein längeres Kauen von Blättern kann Erbrechen auslösen. Beim Trocknen verliert die Pflanze zwar ihren scharfen Geschmack, aber nicht ihre Giftwirkung. Schwere Vergiftungserscheinungen wie Lähmung und Atemstillstand traten auch nach dem Verschlucken trockener Pflanzen auf.

Verwechslungsmöglichkeit
Mit Weißer Fetthenne S. 40 denkbar.

Goldlack

Erysimum cheiri

Kreuzblütler

> H 20–60 cm > Apr.–Juni
> mehrjährig > giftig

Merkmale Pflanze mit intensivem Veilchenduft. Stängel aufrecht, behaart. Blätter wechselständig, lang gestreckt, ganzrandig, meist auf beiden Seiten behaart. Gelbe Blüten in einer dichten Traube am Ende des Stängels. 3–7 cm lange Schotenfrucht.

Fundort Felsspalten und Mauerritzen, vornehmlich von Stadtmauern oder alten Burgen. In Mitteleuropa aus Kulturen verwildert und örtlich eingebürgert.

Wissenswertes Bereits im Mittelalter war Goldlack Zierpflanze und typische Burgenpflanze. Von den Minnesängern wurde er wegen seines angenehmen Dufts oft besungen. Er ist aber nicht ganz ungefährlich. All seine Teile, besonders aber die Samen, enthalten herzwirksame Glykoside, die in ihrer Wirkung dem Digitalis des Roten Fingerhuts ähneln. Der Pflanzensaft ist für seine hautreizende Wirkung bekannt.

Verwechslungsmöglichkeit
Mit Hederich S. 17, Acker-Senf S. 49 und Schwarzem Senf S. 50 denkbar.

Jakobs-Greiskraut

Senecio jacobaea

Korbblütler

> H 30–120 cm > Juli–Okt.
> einjährig–mehrjährig > giftig

Merkmale Stängel kantig, gerillt, im oberen Bereich verzweigt. Blätter tief eingeschnitten, in gezähnte und gelappte Abschnitte unterteilt, an der Unterseite schwach behaart, im unteren Stängelbereich gestielt, oben stängelumfassend. Goldgelbe Blütenköpfchen.
Fundort Wegränder, Wiesen und Weiden.
Wissenswertes Alle Greiskrautarten enthalten für Mensch und Tier gleichermaßen giftige Pyrrolizidinalkaloide in stark schwankenden Mengen. Im Jakobs-Greiskraut sind es hauptsächlich Jacobin und Senecionin. Diese Alkaloide schädigen die Leber und sind für die Entstehung von Tumoren verantwortlich. Auch in der getrockneten Pflanze verlieren sie ihre Wirksamkeit nicht. Inzwischen ist nachgewiesen, dass Pyrrholizidin durch die Fütterung von Kühen mit greiskrauthaltigem Heu in Milch und Milchprodukte übergehen kann.

Verwechslungsmöglichkeit
Mit Magerwiesen-Margerite S. 47 und Echtem Johanniskraut S. 76.

Gift-Lattich

Lactuca virosa

Korbblütler

> H 60–200 cm > Juli–Sept.
> einjährig–zweijährig > giftig

Merkmale Pflanze mit Milchsaft, riecht dumpf nach Mohn. Stängel im Blütenstandsbereich reich verzweigt. Grundblätter in einer Rosette, Stängelblätter wechselständig. Alle Blätter schmal-eiförmig, unten auf der Mittelrippe stachelig, am Rand gezähnt, stängelumfassend. Zahlreiche gelbe Blütenköpfchen nur mit Zungenblüten.
Fundort Besiedelt stickstoffreiche Standorte in warmen Lagen: Weg- und Heckenränder, Feldraine, Brachland. Selten.
Wissenswertes Wie alle Latticharten führt auch der Gift-Lattich Milchsaft. Er enthält Bitterstoffe und ein giftiges Alkaloid. Früher kam es immer wieder zu Vergiftungen durch den Genuss der Blätter. Heute spielt die Pflanze wegen ihres seltenen Vorkommens bei Giftberatungen kaum noch eine Rolle. Zusammen mit Bilsenkraut und Geflecktem Schierling wurde sie einst als Narkosemittel eingesetzt.

Verwechslungsmöglichkeit
Mit Kohl-Gänsedistel S. 51 denkbar.

Raue Gänsedistel

Sonchus asper
Korbblütler

> H 30–120 cm > Juni–Okt.
> einjährig > ungenießbar

Merkmale Pflanze mit weißem Milchsaft. Stängel hohl. Stängelblätter wechselständig, derb, glänzend dunkelgrün, am Rand stachelig gezähnt, umfassen den Stängel mit 2 runden, spiralig gewundenen Fortsätzen. Hellgelbe Blütenköpfchen. Braune Frucht mit einem Kranz weißer Haare.
Fundort Felder, Gärten, an Wegrändern, auf Brachland. Weit verbreitet.
Wissenswertes Raue Gänsedistel und Kohl-Gänsedistel treten oft nebeneinander auf. Am sichersten unterscheidet man die beiden Arten, wenn man die Blattbasis betrachtet. Umfasst sie den Stängel mit pfeilförmig zugespitzten Fortsätzen, ist es die Kohl-Gänsedistel. Sind diese Fortsätze rund und spiralig gewunden, handelt es sich um die Raue Gänsedistel. Deren Blätter schmecken durch den enthaltenen Milchsaft ausgesprochen bitter und werden heute in der Küche nicht mehr verwendet.

Verwechslungsmöglichkeit
Mit Kohl-Gänsedistel S. 51 denkbar.

Floh-Knöterich

Persicaria maculosa
Knöterichgewächse

> H 10–70 cm > Juli–Okt.
> einjährig > ungenießbar

Merkmale Stängel am Boden liegend, aufgerichtet oder aufrecht, mit deutlich verdickten Knoten unter den Blattansätzen. Blätter wechselständig, lang und schmal, ganzrandig, meist mit einem dunklen Fleck in der Mitte. Blüten klein, rot, rosa, grünlich oder weiß gefärbt, sitzen in dichten, ährenartigen Blütenständen.
Fundort Fast überall in Mitteleuropa auf Feldern, in Gärten, auf Schuttplätzen, an Ufern.
Wissenswertes Die Pflanze enthält ein ätherisches, stark reizendes Öl sowie Gerbstoffe. Giftig ist sie mit diesen Inhaltsstoffen nicht. Aber ihre Blätter schmecken roh brennend scharf. Kochen macht sie milder, die Schärfe verliert sich ein wenig. Deshalb wurde Floh-Knöterich früher gedünstet als Gemüse gegessen. Auch die Volksmedizin nutzte ihn.

Verwechslungsmöglichkeit
Mit Schlangen-Wiesenknöterich S. 53 und Acker-Vogelknöterich S. 55.

Wasserpfeffer

Persicaria hydropiper

Knöterichgewächse

> H 20–70 cm > Juli–Okt.
> einjährig > ungenießbar

Merkmale Pflanze mit deutlich pfeffrigem Aroma. Stängel am Boden liegend oder aufrecht, reich beblättert. Blätter wechselständig, schmal-eiförmig, kurz gestielt oder sitzend, oft mit dunklen Flecken. Blüten klein, rosafarben, grünlich oder weiß, bilden einen lockeren, ährenartigen Blütenstand.

Fundort Wächst verbreitet an Ufern und Gräben, auf feuchten Waldwegen, in nassen Wiesen.

Wissenswertes Ein charakteristisches Kennzeichen der Pflanze ist der brennend scharfe Geschmack der Blätter. Obwohl sie mitunter als Wildgewürz empfohlen wird, ist Vorsicht geboten. Die enthaltenen ätherischen Öle und Scharfstoffe machen nicht nur die Zunge taub, sie brennen auch im Magen. Und dieses unangenehme Brennen hält wohl eine halbe Stunde vor. Vergiftungen bei Tieren sind bekannt.

Verwechslungsmöglichkeit
Mit Schlangen-Wiesenknöterich S. 53 und Acker-Vogelknöterich S. 55.

Roter Fingerhut

Digitalis purpurea

Wegerichgewächse

> H 30–150 cm > Juni–Aug.
> einjährig-mehrjährig > giftig

Merkmale Stängel behaart. Grundblätter in einer Rosette, lang gestielt. Stängelblätter wechselständig, kurz gestielt oder ohne Stiel. Alle Blätter eiförmig, am Rand gezähnt, unten graufilzig behaart, fühlen sich weich und samtig an. Auffällig große, glockenförmige Blüten, innen mit violetten, weiß umrandeten Flecken.

Fundort Waldlichtungen, Kahlschläge.

Wissenswertes „Dead men's bell" (= Totenglocke) nennen die Engländer den Roten Fingerhut und weisen damit auf seine Giftigkeit hin. Die Pflanze enthält vorwiegend in den Blättern eine Reihe von Digitalisglykosiden. Falsch dosiert wirken diese Inhaltsstoffe tödlich giftig. Richtig dosiert sind sie dagegen als ärztlich verordnete, standardisierte Präparate eine große Hilfe für Herzkranke, da sie die Arbeit des Herzmuskels regulieren.

Verwechslungsmöglichkeit
Mit Arznei-Beinwell S. 57, Großblütiger Königskerze S. 77 und Kohl-Kratzdistel S. 81 denkbar.

Gewöhnlicher Wirbeldost

Clinopodium vulgare

Lippenblütler

> H 20–50 cm > Juli–Okt.
> mehrjährig > ungenießbar

Merkmale Stängel zottig behaart, weitgehend unverzweigt. Blätter kreuzweise gegenständig, eiförmig, 2–4 cm lang, kurz gestielt, ganzrandig oder schwach gekerbt, dicht behaart. Blüten rosaviolett, stehen zu 10–20 in dichten, quirlartigen Stockwerken in den Achseln der oberen 2–4 Blattpaare und am Ende des Stängels.

Fundort Besiedelt grasreiche Wälder und Waldränder, Hecken- und Gebüschsäume, Wegränder. In den Alpen bis zur Laubwaldgrenze anzutreffen. Häufig.

Wissenswertes Die Pflanze verdankt ihren Namen der äußeren Ähnlichkeit mit dem Dost und ihrer in „Wirbeln" um den Stängel angeordneten Blüten. Im Unterschied zu ihrem nahen Verwandten enthalten weder die Blüten noch die Blätter ein würziges Aroma. Der Wirbeldost ist somit als Gewürzpflanze bedeutungslos und wird in der Küche nicht verwendet.

Verwechslungsmöglichkeit
Mit Gewöhnlichem Dost S. 83.

Bastard-Gänsefuß

Chenopodiastrum hybridum

Fuchsschwanzgewächse

> H 30–100 cm > Mai–Aug.
> einjährig > ungenießbar

Merkmale Unangenehm riechend. Stängel aufrecht, kantig gefurcht, oben wenig verzweigt. Blätter nicht mehlig, oben leicht glänzend, unten matt, bis 15 cm groß, im Umriss breit herzförmig, 3–5-eckig, mit einzelnen groben Zähnen. Blattstiel 3–5 cm lang, kräftig, deutlich gefurcht. Kleine grüne Blüten, zu Knäueln vereint in breiten Ähren in den Blattachseln und am Stängelende.

Fundort Auf Feldern und in Gärten.

Wissenswertes Diese Art ist kein Bastard aus verschiedenen Gänsefußgewächsen, wie ihr Name vermuten lässt. Ihre Benennung geht vielmehr auf den schwedischen Naturforscher Carl von Linné zurück, der sie wegen ihres stechapfelähnlich unangenehmen Geruchs für einen Bastard aus Stechapfel und Weißem Gänsefuß hielt. Sie ist in der Küche unbrauchbar.

Verwechslungsmöglichkeit
Mit Weißem Gänsefuß S. 62 und Spreizender Melde S. 63 denkbar.

Stinkender Gänsefuß

Chenopodium vulvaria

Fuchsschwanzgewächse

> H 10–40 cm > Juli–Sept.
> einjährig > giftig

Merkmale Dicht mehlig bestäubt wirkende und unangenehm riechende Pflanze. Stängel aufrecht, verzweigt. Blätter 1–2 cm lang und halb so breit, in der Form rhombisch, ganzrandig. Hellgrüne, kleine Blüten in Knäueln. Die Blütenknäuel selbst bilden dichte, kurze Ähren in den Achseln der Blätter und an der Stängelspitze.

Fundort Schuttplätze, Wegränder, Salzmarschen der Küste.

Wissenswertes Der Stinkende Gänsefuß macht schon beim Näherkommen mit einem unangenehmen Geruch nach faulendem Fisch auf sich aufmerksam. Dieser üble Geruch kommt von Trimethylamin, das die Pflanze reichlich produziert. Trimethylamin wird als schwach giftig eingestuft. Es kann Störungen im Magen-Darm-Bereich verursachen.

Verwechslungsmöglichkeit
Mit Gutem Heinrich S. 61, Weißem Gänsefuß S. 62, Spreizender Melde S. 63, Zurückgekrümmtem Fuchsschwanz S. 64.

Mauer-Gänsefuß

Chenopodiastrum murale

Fuchsschwanzgewächse

> H 20–90 cm > Juni–Okt.
> einjährig > ungenießbar

Merkmale Pflanze nur wenig oder gar nicht mehlig bestäubt. Stängel aufrecht, wenig verzweigt. Blätter beidseitig dunkelgrün, 2–8 cm lang, im Umriss rhombenförmig, am Rand grob und unregelmäßig gezähnt. Kleine grüne Blüten, stehen zu Knäueln vereint in ährenförmigen Blütenständen in den Blattachseln und am Ende der Stängel.

Fundort An Wegrändern, neben Hausmauern, auf Ackerland.

Wissenswertes Verbreitungsschwerpunkt des Mauer-Gänsefußes ist das Mittelmeergebiet. Von dort ist er wahrscheinlich mit ungenügend gereinigtem Getreidesaatgut nach Mitteleuropa eingeschleppt worden und konnte sich hier in klimatisch günstigen Gebieten ansiedeln. Die Pflanze enthält Saponine und Oxalsäure in stark schwankenden Konzentrationen und wird in der Küche nicht verwendet.

Verwechslungsmöglichkeit
Mit Weißem Gänsefuß S. 62 und Spreizender Melde S. 63 denkbar.

Schwarze Tollkirsche

Atropa bella-donna

Nachtschattengewächse

> H 50–150 cm > Juni–Aug.
> mehrjährig > giftig

Merkmale Eine unserer gefährlichsten Giftpflanzen. Blätter eiförmig zugespitzt, ganzrandig. Braunviolette Blütenglocken, kurz gestielt, einzeln in den Blattachseln. Kugelige Beerenfrucht, zunächst grün, im reifen Zustand tiefschwarz und glänzend, sitzt in einem 5-zipfeligen Kelch.

Fundort Ränder von Laub-, Misch- und Nadelwäldern, Waldlichtungen.

Wissenswertes In die Familie der Nachtschattengewächse gehört eine Reihe bekannter hochgiftiger Pflanzen, auch die Tollkirsche. Schon der Genuss weniger Früchte oder Blätter kann tödliche Folgen haben. Verantwortlich für diese Giftwirkung sind die in allen Pflanzenteilen enthaltenen Alkaloide Hyoscyamin, Scopolamin und Atropin. Auch ihr wissenschaftlicher Name verweist auf die Gefährlichkeit der Tollkirsche. *Atropa* leitet sich vom griechischen „atropos" ab, das „unabwendbar tödlich" bedeutet.

Verwechslungsmöglichkeit
Mit Großer Klette S. 58 denkbar.

Gefleckter Aronstab

Arum maculatum

Aronstabgewächse

> H 10–40 cm > Apr.–Juni
> mehrjährig > giftig

Merkmale Pflanze mit aasähnlichem Geruch. Blätter gestielt, pfeilförmig, meist dunkel gefleckt. Dicker brauner Blütenkolben, von einem tütenförmig eingerollten Hochblatt umgeben. Rote Beerenfrüchte.

Fundort Laubmischwälder, Auwälder, feuchte Gebüsche.

Wissenswertes Der wissenschaftliche Name *Arum* stammt aus dem Griechischen und bedeutet „Giftpflanze". Die Blätter, die roten Beeren und der Wurzelstock enthalten das giftige Aroin, das auf das zentrale Nervensystem wirkt. Vergiftungen, auch tödliche, sind durch den Verzehr der süßlich schmeckenden roten Beeren und der säuerlich schmeckenden Blätter vorgekommen. Auf die Haut gebracht kann der Pflanzensaft heftige Entzündungen auslösen. Gefährlich ist vor allem die frische Pflanze. Trocknen reduziert die Giftwirkung des Aronstabes.

Verwechslungsmöglichkeit
Mit Bärlauch S. 22 und Gutem Heinrich S. 61 denkbar.

Acker-Hornkraut

Cerastium arvense

Nelkengewächse

> H 5–30 cm > Apr.–Aug.
> mehrjährig > ungenießbar

Merkmale Stängel entweder am Boden liegend und ohne Blüten oder aufgerichtet und blühend, immer dicht besetzt mit kurzen Haaren. Blätter gegenständig, 1–2,5 cm lang und 1–5 mm breit, beidseitig ebenfalls dicht behaart. Blüten weiß, 5 Blütenblätter, bis 2 cm lang und nur um etwa 1/4 ihrer Länge eingeschnitten (Unterschied Vogelmiere: Blütenblätter bis zum Ansatz eingeschnitten). Hornförmig gekrümmte Samenkapsel (Name).

Fundort Weit verbreitet an Ackerrändern, Wegen, Bahndämmen, Böschungen und steinigen Hängen. Liebt lockere Böden.

Wissenswertes Ackerränder und das Acker-Hornkraut gehören zusammen. Aus der Ferne sieht die Pflanze wegen ihrer dichten, feinen Behaarung wie mit Mehl bestäubt aus. Giftig ist sie nicht, aber geschmacklich nichtssagend und mit ihrer dichten Behaarung in der Küche nicht zu gebrauchen.

Verwechslungsmöglichkeit
Mit Vogelmiere S. 14 denkbar.

Riesen-Bärenklau

Heracleum mantegazzianum

Doldenblütler

> H 1–3 m > Juni–Sept.
> einjährig–mehrjährig > giftig

Merkmale Stängel bis zu 10 cm Durchmesser, mit vielen weinroten Flecken. Blätter bis zu 3 m lang, tief in 3–9 Abschnitte geteilt, einzelne Abschnitte spitz gezähnt. Blütendolden bis zu 50 cm Durchmesser.

Fundort Bach- und Flussufer, Weg- und Straßenränder, Waldlichtungen, ortsnahes Brachland. Lokal sehr häufig.

Wissenswertes Ursprünglich wurde der Riesen-Bärenklau als Zierpflanze aus dem Kaukasus nach Mitteleuropa gebracht. Heute ist er überall an Ufern und auf Waldlichtungen auf dem Vormarsch und verdrängt dabei eine Vielzahl heimischer Pflanzenarten. Der Saft aus Stängeln und Blättern verursacht auf der Haut schwere, nur langsam heilende Blasen, vergleichbar Verbrennungen 3. Grades. Unter Einwirkung von Sonnenlicht ist die Giftwirkung besonders stark. Vor allem spielende Kinder sind gefährdet.

Verwechslungsmöglichkeit
Mit Wiesen-Bärenklau S. 71 denkbar.

Gift-Wasserschierling

Cicuta virosa

Doldenblütler

> H 50–150 cm > Juni–Aug.
> mehrjährig > giftig

Merkmale Wurzelstock innen mit hohlen Kammern, riecht nach Sellerie. Stängel hohl. Blätter wechselständig, 2–3-fach gefiedert, einzelne Fiederblättchen schmal, mit nach vorn gerichteten Zähnchen. Blattscheiden blasig aufgetrieben. Weiße Blüten in zusammengesetzter Dolde. Gerippte Frucht, breiter als hoch.

Fundort Ufer stehender Gewässer.

Wissenswertes Das Gift dieser überaus giftigen Pflanze ist in allen Teilen enthalten, in besonders hoher Konzentration jedoch in Stängeln und Wurzelstock. Es verliert auch beim Trocknen seine Wirksamkeit nicht. Die Giftwirkung tritt meist schon 20 Minuten nach Aufnahme ein und äußert sich durch Brennen in Mund und Rachen, Übelkeit und heftige Krämpfe. Etwa 50% aller Vergiftungsfälle verlaufen tödlich. Als tödliche Dosis gelten 2–3 g der frischen Pflanze.

Verwechslungsmöglichkeit
Mit Brunnenkresse S. 16, Wiesen-Kümmel S. 73, Wilder Möhre S. 90.

Acker-Hundskamille

Anthemis arvensis

Korbblütler

> H 10–50 cm > Juni–Okt.
> einjährig-zweijährig > ungenießbar

Merkmale Kein Kamillenduft. Stängel meist reich verzweigt. Blätter wechselständig, im Umriss oval, tief eingeschnitten. Blütenköpfchen einzeln am Stängelende, aus weißen, flach ausgebreiteten Zungenblüten und gelben Röhrenblüten. Blütenboden mit Spreublättern bestanden, die man als feine Schüppchen erkennen kann.

Fundort Felder, Wegränder. Auf nährstoffreichen, kalkarmen Böden. Ehemals verbreitet, heute stark zurückgegangen.

Wissenswertes Dieser Korbblütler wird oft mit der sehr ähnlichen Echten Kamille verwechselt. Gewissheit verschafft ein Längsschnitt durch das Blütenköpfchen. Bei der Echten Kamille ist der Blütenboden hohl, bei der Acker-Hundskamille mit Mark gefüllt. Die geruchlosen Blüten der Acker-Hundskamille haben keine heilkräftige Wirkung und werden auch nicht in der Küche verwendet.

Verwechslungsmöglichkeit
Mit Echter Kamille S. 74 denkbar.

Geruchlose Kamille

Tripleurospermum inodorum

Korbblütler

> H 20–80 cm > Juni–Okt.
> einjährig > ungenießbar

Merkmale Stängel aufrecht, im oberen Bereich stark verzweigt. Blätter tief in zahlreiche schmale Abschnitte unterteilt. Blütenköpfchen mit weißen Zungenblüten und gelben Röhrenblüten, Zungenblüten immer ausgebreitet.
Fundort Ungenutzte Felder, Wegränder, Schuttplätze.
Wissenswertes Die verschiedenen Kamillenarten sind nur schwer zu unterscheiden. Bei dieser Art helfen 3 Merkmale bei der Identifikation: Die Pflanze duftet nicht wie die Echte Kamille. Eine Halbierung des Blütenköpfchens zeigt einen halbkugeligen, mit Mark gefüllten Blütenboden, keinen kegelförmigen und hohlen wie bei der Echten Kamille. Und diese Pflanze wird deutlich größer als die anderen. Für Heilbehandlungen ist die Geruchlose Kamille nicht einsetzbar, ebenso wenig zum Aromatisieren von Speisen und Getränken.

Verwechslungsmöglichkeit
Mit Echter Kamille S. 74 denkbar.

Schwarzes Bilsenkraut

Hyoscyamus niger

Nachtschattengewächse

> H 30–80 cm > Juni–Sept.
> einjährig–zweijährig > giftig

Merkmale Rübenförmige, schwarzwurzelähnlich dunkel gefärbte Wurzel. Riecht unangenehm. Stängel aufrecht, zottig behaart. Blätter wechselständig, graugrün, im Umriss eiförmig, buchtig gezähnt, behaart. Trichterförmige hellgelbe Blüte, Blütenblätter mit violetter Aderung und dunkelviolettem Grund.
Fundort Müllplätze, Wegränder, Weiden.
Wissenswertes Das Schwarze Bilsenkraut enthält in allen Teilen, besonders aber in Wurzel und Samen, die Alkaloide Hyoscyamin, Atropin und Scopolamin. Sie führen zunächst zu Heiterkeit, dann Tobsucht, Sinnestäuschungen, Herzrasen, zuletzt Atemlähmung und Bewusstlosigkeit. Erstaunlicherweise wurden die Samen früher mancherorts dem Bier zugesetzt, um dessen berauschende Wirkung noch zu verstärken.

Verwechslungsmöglichkeit
Mit Wiesen-Bocksbart S. 52, Echtem Pastinak S. 78 und Gewöhnlicher Nachtkerze S. 91.

Rainfarn

Tanacetum vulgare

Korbblütler

> H 40–150 cm > Juli–Sept.
> mehrjährig > giftig

Merkmale Pflanze mit Kampfergeruch. Stängel holzig, kantig. Blätter wechselständig, fein zerteilt in längliche, am Rand gezähnte Blattabschnitte, beidseitig grün. Knopfartige gelbe Blüten, bilden einen schirmartig ausgebreiteten Blütenstand.
Fundort Weg- und Straßenränder, Schuttplätze, Brachland.
Wissenswertes Rainfarn bildet zusammen mit Beifuß eine Pflanzengemeinschaft, die man als Rainfarn-Beifuß-Gestrüpp bezeichnet. Wer hier im Frühling zartgrüne Beifußblättchen sucht, muss schon genau aufpassen, nicht versehentlich Rainfarnblättchen zu sammeln. Alle Pflanzenteile des Rainfarns enthalten das giftige Thujon, das bei Aufnahme größerer Mengen gesundheitsschädlich ist und auch tödlich wirken kann. Früher wurde Rainfarn in geringen Konzentrationen Süßspeisen beigemischt.

Verwechslungsmöglichkeit
Mit Wiesen-Schafgarbe S. 48 und Gewöhnlichem Beifuß S. 79 denkbar.

Blauer Eisenhut

Aconitum napellus

Hahnenfußgewächse

> H 50–200 cm > Juni–Sept.
> mehrjährig > giftig

Merkmale Stängel kräftig, steif aufrecht. Blätter wechselständig, handförmig, einzelne Blattabschnitte in schmale Zipfel unterteilt. Dunkelblaue, helmförmige Blüten, bilden dichte Trauben am Stängelende.
Fundort Bachufer, Gebüsche, Auwälder in höheren Lagen der Mittelgebirge, im Alpenvorland, in den Alpen. Bis in 3000 m Höhe.
Wissenswertes Der Blaue Eisenhut wird oft als Europas giftigste Pflanze beschrieben. Blätter, Blüten und besonders Wurzeln enthalten mit dem Alkaloid Aconitin eines der stärksten Gifte des Pflanzenreichs, das bereits beim Pflücken der Pflanze von der unverletzten Haut aufgenommen wird. Schon 3–6 mg reines Aconitin – das entspricht wenigen Gramm frischen Pflanzenmaterials – sind für einen Erwachsenen tödlich. Die Pflanze war schon im Altertum als Pfeil- und Mordgift bekannt.

Verwechslungsmöglichkeit
Mit Gewöhnlichem Beifuß S. 79 und Echtem Wermut S. 80 denkbar.

Quendel-Ehrenpreis
Veronica serpyllifolia
Wegerichgewächse

> H 5–20 cm > Apr.–Sept.
> mehrjährig > ungenießbar

Merkmale Stängel aufrecht, etwas behaart. Blätter im unteren Stängelbereich gegenständig, in der Mitte und oben wechselständig, eiförmig, meist ganzrandig, erinnern an Thymianblätter. Blüten klein, wasserblau mit dunklen Adern, stehen einzeln in den Blattachseln am oberen Ende des Stängels, bilden insgesamt einen lockeren, traubenähnlichen Gesamtblütenstand.
Fundort Weiden, Garten- und Parkrasen.
Wissenswertes Der früher gebräuchliche Name Quendel-Ehrenpreis stammt aus dem Jahr 1576, als der Botaniker Mathias Lobelius diese Pflanze beschrieb und die Ähnlichkeit ihrer Blätter mit denen des Quendels – heute Thymian genannt – entdeckte. Der schwedische Naturforscher Linné übernahm später diesen Namen. Die Pflanze enthält kein würziges Aroma und ist somit als Gewürzpflanze bedeutungslos. Sie wird in der Küche nicht verwendet.

Verwechslungsmöglichkeit
Mit Feld-Thymian S. 82 denkbar.

Polei-Minze
Mentha pulegium
Lippenblütler

> H 10–30 cm > Mai–Juni
> mehrjährig > giftig

Merkmale Stängel meist am Boden liegend, mehr oder weniger deutlich 4-kantig. Blätter gegenständig, kurz gestielt, eiförmig, 1–3 cm lang und 0,3–1 cm breit, undeutlich oder kaum gezähnt, riechen scharf aromatisch. Blauviolette Blüten in Quirlen in den Blattachseln der oberen Stängelhälfte, nie in ährenförmigen oder runden Blütenständen am Stängelende.
Fundort Ufer, nasses Grasland.
Wissenswertes Der aromatische Geruch und Geschmack der Minzen beruht auf ihrem Gehalt an ätherischem Öl. Bei der Polei-Minze ist der Hauptbestandteil dieses Öls das giftige Pulegon. Diesem wird nach Aufnahme größerer Mengen eine tödliche Wirkung zugeschrieben. *Mentha pulegium* steht in der Roten Liste unter den stark gefährdeten Pflanzen.

Verwechslungsmöglichkeit
Mit Kriechendem Günsel S. 32, Gewöhnlichem Gundermann S. 59, Acker-Minze S. 84, Gewöhnlicher Braunelle S. 85.

Vierblättrige Einbeere

Paris quadrifolia

Germergewächse

> H 40–150 cm > Juni–Aug.
> zweijährig–mehrjährig > giftig

Merkmale Stängel trägt nur im oberen Teil 4 charakteristisch angeordnete, gleichartige Blätter. Blätter breit-eiförmig, zugespitzt, stehen zu 4 in einem Quirl. Lang gestielte grüne Einzelblüte, erhebt sich über dem Blattquirl. Pro Pflanze eine einzelne, blaubeerähnliche Frucht.

Fundort Laubwälder, Auwälder, Nadelmischwälder. Bevorzugt feuchte, nährstoffreiche Standorte.

Wissenswertes Die Blüten dieser Pflanze sind eher unauffällig. Aber die blauschwarze Frucht inmitten des Blätterkreuzes ist nicht zu übersehen. Und so kommt es nicht selten zu gefährlichen Verwechslungen, wenn Kinder die Giftbeeren der Einbeere für Blaubeeren halten. Das lässt sich verhindern, denn diese im Grunde unverwechselbare Pflanze, die stets nur eine einzelne Beere trägt, ist sehr einprägsam. Alle Pflanzenteile, besonders die Beeren, enthalten giftige Saponine.

Verwechslungsmöglichkeit
Mit Blaubeere S. 105 denkbar.

Faulbaum

Rhamnus frangula

Kreuzdorngewächse

> H 1–3 m > Mai–Juni
> Strauch oder Baum > giftig

Merkmale Rinde erst braunrot, später graubraun, mit hellen Poren, riecht unangenehm. Blätter wechselständig, eiförmig, ganzrandig, gestielt. Kleine weiße Blüten, stehen in Gruppen in den Achseln der Blätter. Erbsengroße, beerenähnliche Steinfrüchte, verändern während des Reifeprozesses ihre Farbe von Grün über Rot zu Schwarzviolett.

Fundort Auwälder, Moore, auch in feuchten Bereichen am Rand von Wäldern.

Wissenswertes Im Spätsommer kann man häufig Blüten und Früchte in allen Reifestadien an einem Strauch beobachten. Für den Menschen sind Beeren, Blätter und Rinde giftig. Sie enthalten Anthraglykoside, die heftige Brechdurchfälle verursachen. Vergiftungen treten meist nach Verzehr der Früchte auf, sind aber insgesamt selten. Die Rinde des Faulbaums wurde im 16. Jahrhundert als Abführdroge eingesetzt.

Verwechslungsmöglichkeit
Mit Gewöhnlicher Felsenbirne S. 87.

Roter Hartriegel

Cornus sanguinea

Hartriegelgewächse

> H 1–4 m > Mai–Juni
> Strauch > ungenießbar

Merkmale Rinde zunächst rotbraun, später graubraun mit Längs- und Querrissen. Blätter gegenständig, eiförmig, zugespitzt, ganzrandig. Blüten weiß, in schirmartigen Blütendolden am Ende der Zweige, strömen einen unangenehmen Geruch aus. Erbsengroße schwarze Steinfrüchte, weiß punktiert.

Fundort Waldränder, Hecken, Gebüsche. Häufiger Zierstrauch in Grünanlagen.

Wissenswertes Die Früchte des Blutroten Hartriegels reifen zwischen Juli und Oktober. Sie schmecken sehr bitter und gelten als ungenießbar oder sogar leicht giftig für den Menschen. Trotzdem wurden sie früher gelegentlich zu Marmeladen und Säften verarbeitet. Auch die Blätter sind nicht ganz ungefährlich. Sie können nach Berührung an empfindlichen Hautstellen Rötungen und Entzündungen verursachen.

Verwechslungsmöglichkeit
Mit Kornelkirsche S. 89 und Gewöhnlicher Traubenkirsche S. 99 denkbar.

Rauschbeere

Vaccinium uliginosum

Heidekrautgewächse

> H 20–60 cm > Mai–Juni
> Strauch > giftig

Merkmale Zweige rund, mit brauner Rinde. Blätter eiförmig, oben blaugrün, unten graugrün, ganzrandig. Blüten weiß oder rosafarben, glockig, stehen in den Achseln der oberen Blätter. Blau bereifte, kugelige Beerenfrüchte, Fruchtfleisch farblos.

Fundort Zwergstrauchgebüsche, Kiefern- und Birkenmoore. Braucht torfhaltigen, feuchten Boden.

Wissenswertes Die reifen Früchte der Rauschbeere werden als giftverdächtig eingestuft. Sie schmecken fad süßlich und können in Mengen genossen rauschartige Zustände verbunden mit Schwindel, Sehstörungen und auch Lähmungserscheinungen hervorrufen. Enthaltene Giftstoffe wurden bislang aber nicht nachgewiesen. Man vermutet, dass diese Vergiftungserscheinungen auf eine Infektion der Beeren mit einem Pilz zurückzuführen sind.

Verwechslungsmöglichkeit
Verwechslung mit Preiselbeere S. 88 und Blaubeere S. 105 denkbar.

Rote Heckenkirsche

Lonicera xylosteum

Geißblattgewächse

> H 1–2,5 m > Apr.–Juni
> Strauch > giftig

Merkmale Rinde graubraun, löst sich in Streifen ab. Blätter gegenständig, eiförmig, ganzrandig, oben und unten flaumig behaart. Blüten gelbweiß, sitzen paarweise auf einem gemeinsamen Stiel. Rote, glasartig glänzende, erbsengroße Beerenfrüchte, oft paarweise angeordnet. Fruchtreife August bis September.

Fundort Mischwälder, Hecken, Gebüsche.

Wissenswertes Besonders auffallend sind die roten Beeren des Strauchs. Diese erbsengroßen Früchte sitzen paarweise an den Zweigen. Sie werden als giftig eingestuft. Schon der Verzehr geringer Mengen kann Erbrechen und Durchfälle verursachen. Kinder sollte man vor diesen „Kirschen" warnen. Über die Gefährlichkeit der Früchte gehen die Meinungen jedoch sehr auseinander. Dafür sind wohl starke Schwankungen der natürlichen Konzentrationen der Grund.

Verwechslungsmöglichkeit
Mit Kornelkirsche S. 89 denkbar.

Rosmarinheide

Andromeda polifolia

Heidekrautgewächse

> H 10–30 cm > Mai–Aug.
> Strauch > giftig

Merkmale Kriechender Strauch. Blätter wechselständig, immergrün, schmal, oben dunkelgrün, unten hellblaugrün, ganzrandig, am Rand nach unten umgerollt. Blüten rosafarben, glockenförmig, hängen in kleinen Büscheln an dünnen Stielen. 5-fächrige, kugelige Kapselfrucht.

Fundort Hochmoore, feuchte Heiden.

Wissenswertes Das in Blättern und Blüten enthaltene Gift Andromedotoxin hat eine ähnliche Wirkung wie das Aconitin der Eisenhutarten. Vergiftungen mit der Rosmarinheide können somit auch tödlich sein. Bereits der griechische Schriftsteller Xenophon berichtete 300 v. Chr. von Vergiftungen mit Rosmarinheide-Honig in Kleinasien. Die Giftigkeit von Bienenhonig, der von andromedotoxinhaltigen Pflanzen stammt, ist nachgewiesen. Da die Rosmarinheide heute aber relativ selten geworden ist, besteht diese Gefahr der Giftaufnahme kaum mehr.

Verwechslungsmöglichkeit
Mit Preiselbeere S. 88 denkbar.

Zwerg-Holunder, Attich

Sambucus ebulus

Moschuskrautgewächse

> H 50–200 cm > Juni–Aug.
> mehrjährig > giftig

Merkmale Unangenehm riechend. Stängel steif aufrecht, gefurcht. Blätter gegenständig, unpaarig gefiedert, aus 7–9 Teilblättchen, diese 5–15 cm lang und 1–4 cm breit, am Rand gesägt, oben dunkelgrün, unten heller. Zahlreiche rötlich weiße Blüten in flachem, schirmartigem Blütenstand. Frucht eine kugelige schwarze, 5–7 mm große Beere. Fruchtreife August/September.

Fundort Waldränder, Hecken- und Gebüschsäume, Brachland.

Wissenswertes Der Zwerg-Holunder ähnelt seinem nahen Verwandten, dem Schwarzen Holunder, in Blatt, Blüte und Fruchtstand, ist aber eine Staude, deren oberirdische Teile im Winter absterben. Seine Früchte enthalten einen schwach giftigen Bitterstoff sowie Spuren eines Blausäureglykosids. Sie verursachen Verdauungsstörungen und behalten ihre Wirksamkeit auch nach dem Kochen.

Verwechslungsmöglichkeit
Mit Schwarzem Holunder S. 100.

Sumpf-Schwertlilie

Iris pseudacorus

Schwertliliengewächse

> H 50–150 cm > Mai–Juli
> mehrjährig > giftig

Merkmale Unterirdischer Wurzelstock, dick und stark verzweigt. Stängel aufrecht, fast rund. Blätter blaugrün, schwertförmig, 50–90 cm lang und 1–3 cm breit. Gelbe Blüten mit typischem Schwertlilienbau, bestehen aus 3 eiförmigen, äußeren Blütenhüllblättern, die bogig überhängen, und 3 schmalen inneren Blütenblättern, die steif aufrecht stehen.

Fundort Verbreitet und noch häufig im Uferbereich stehender und fließender Gewässer. Braucht nasse, schlammige Böden. Geschützt.

Wissenswertes Eine der auffälligsten Blütenpflanzen an Bach- und Seeufern ist die Sumpf-Schwertlilie. Alle Teile der Pflanze enthalten teilweise noch unerforschte, scharf schmeckende Giftstoffe, die auch beim Trocknen ihre Giftwirkung nicht verlieren. Nach Genuss können schwere Störungen im Magen-Darm-Trakt auftreten.

Verwechslungsmöglichkeit
Mit Breitblättrigem Rohrkolben S. 92.

Kirschlorbeer

Prunus laurocerasus

Rosengewächse

> H 2–5 m > Apr.–Mai
> Strauch > giftig

Merkmale Zweige mit graubrauner, manchmal grünlicher Rinde. Blätter wechselständig, 5–15 cm lang, etwa 3 cm breit, ganzrandig, wintergrün, oben dunkelgrün glänzend, unten heller. Blüten weiß, in aufrechten, fingerlangen Trauben. Steinfrucht, erbsengroß, verfärbt sich während der Reife von Rot nach Schwarz.

Fundort Seit dem 16. Jahrhundert in Mitteleuropa Ziergehölz. Einige verwilderte Exemplare im Bodenseegebiet.

Wissenswertes Wegen seiner glänzenden Blätter und der reichen Blütenpracht wurde dieser Strauch zur beliebten Pflanze für öffentliche Grünanlagen – eine gefährliche Mode. Denn alle Teile des Kirschlorbeers enthalten giftige Glykoside, aus denen beim Zerstören des Gewebes, z. B. beim Kauen, Blausäure freigesetzt wird. Am geringsten ist deren Konzentration im Fruchtfleisch, am höchsten in Blättern und Samen.

Verwechslungsmöglichkeit
Mit Gewöhnlicher Traubenkirsche S. 99.

Gewöhnlicher Schneeball

Viburnum opulus

Moschuskrautgewächse

> H 2–4 m > Apr.–Juni
> Strauch > ungenießbar

Merkmale Reich verzweigter Strauch. Rinde gelbgrau, längsrissig. Blätter gegenständig, meist 3-lappig, gestielt, oben kahl, unten in den Nervenwinkeln behaart. Zahlreiche weiße Blüten in schirmartig ausgebreiteten Blütenständen am Ende der Zweige, Randblüten mit auffällig vergrößerten Blütenblättern, steril, Zentralblüten klein, fertil. Kugelige rot glänzende Steinfrüchte.

Fundort An Bachufern, in Auwäldern, feuchten Laubmischwäldern. Als Ziergehölz in Parks und Gärten.

Wissenswertes Alte Berichte über die starke Giftigkeit der Schneeballbeeren werden heute allgemein angezweifelt. Mittlerweile werden diese Früchte als ungenießbar bis leicht giftig eingestuft. Nur in größeren Mengen roh oder unreif gegessen verursachen sie Magen- und Darmentzündungen. Gekocht dagegen gelten die Früchte als unbedenklich.

Verwechslungsmöglichkeit
Mit Schwarzem Holunder S. 100.

Wolliger Schneeball

Viburnum lantana

Moschuskrautgewächse

> H 1,5–5 m > Apr.–Juni
> Strauch > ungenießbar

Merkmale Blätter gegenständig, länglich eiförmig, 6–12 cm lang, kurz gestielt, am Rand gezähnt, oben dunkelgrün, unten wollig behaart (Name). Weiße Blüten in schirmartig ausgebreiteten Blütenständen, alle Einzelblüten gleich gestaltet. Kleine, kugelige, beerenartige Steinfrüchte, zunächst rot, bei Reife schwarz. Fruchtreife bereits ab Juli.

Fundort Waldränder, Gebüsche, sonnige und steinige Hänge.

Wissenswertes Da nicht alle Früchte des Wolligen Schneeballs gleichzeitig reifen, kommt es häufig zu dem Phänomen, dass in einem Fruchtstand rote und schwarze Früchte direkt nebeneinanderstehen. Diese Früchte enthalten Saponine und werden für den Menschen als ungenießbar bis schwach giftig eingestuft. In größeren Mengen gegessen verursachen sie Magen- und Darmbeschwerden.

Verwechslungsmöglichkeit
Mit Schwarzem Holunder S. 100.

Schwarze Heckenkirsche

Lonicera nigra

Geißblattgewächse

> H 1–2 m > Apr.–Mai
> Strauch > giftig

Merkmale Aufrechter Strauch mit graubraunen, dünnen, gebogenen Zweigen. Blätter gegenständig, länglich eiförmig, 3–6 cm lang und 1–3 cm breit, kurz gestielt, weich, oben dunkelgrün, unten heller. Blüten cremeweiß, rosa oder weinrot überlaufen, sitzen paarweise auf einem 2–4 cm langen Stiel in den Blattachseln. Früchte sind schwarze Beeren, bläulich bereift, fast 1 cm lang und ebenso dick, sitzen paarweise zusammen.

Fundort Bergmischwälder der Mittelgebirge und Alpen, bis in Höhen von 1600 m.

Wissenswertes Die Beeren der Schwarzen Heckenkirsche werden als schwach giftig bis giftig beschrieben. Hauptwirkstoffe sind Xylostein, ein nicht erforschter Bitterstoff und Spuren von Alkaloiden. Nach Verzehr einiger Beeren sind Übelkeit, Erbrechen und Durchfall beschrieben, nach Genuss größerer Mengen Herz-Kreislauf-Störungen.

Verwechslungsmöglichkeit
Mit Gewöhnlicher Schlehe S. 98.

Gewöhnlicher Liguster

Ligustrum vulgare

Ölbaumgewächse

> H 2–7 m > Juni–Juli
> Strauch > giftig

Merkmale Rinde graubraun. Blätter gekreuzt gegenständig, länglich, lederartig, ganzrandig. Viele weiße Blüten in dichten Rispen am Ende der Stängel, duften intensiv süß. Glänzend schwarze Beerenfrüchte, erbsengroß, reifen im September/Oktober, bleiben häufig bis weit in den Winter am Strauch hängen.

Fundort Waldränder, Hecken und Gebüsche. Auch Zierstrauch und einer der beliebtesten Heckensträucher.

Wissenswertes Liguster sollte nicht an Schulen und Kinderspielplätzen gepflanzt werden. Der Strauch ist in allen Teilen giftig. Für Kinder sind besonders die Beeren eine Gefahr. Aufnahmemengen bis zu 10 Beeren werden laut Literatur symptomlos vertragen. Bei Aufnahme größerer Mengen erfolgen Übelkeit, Erbrechen und Durchfall. Auch Hautreizungen nach Kontakt mit Blättern und Rinde sind beschrieben.

Verwechslungsmöglichkeit
Mit Gewöhnlicher Traubenkirsche S. 99.

Sadebaum, Stink-Wacholder

Juniperus sabina

Zypressengewächse

> H 50–400 cm > Apr.–Mai
> Strauch > giftig

Merkmale Immergrüner, dicht verzweigter Strauch. Zweige rotbraun. Jugendblätter nadelförmig und abstehend, Folgeblätter schuppenförmig und anliegend, riechen zerrieben unangenehm. Früchte kugelige, erbsengroße, anfangs grüne, später blau bereifte Beerenzapfen, deutlich gestielt. 1–4 Samen mit kleinen Höckern.

Fundort Heimat Südeuropa. In Mitteleuropa wild nur in den Alpen an sonnigen, felsigen Stellen. Häufig gepflanzter Zierstrauch.

Wissenswertes Alle Teile der Pflanze, besonders die Jungtriebe, sind hochgiftig. Sie enthalten ein stark reizendes ätherisches Öl mit Sabinen und Thujon. Bei Hautkontakt entstehen Entzündungen und Blasen. Wenige Tropfen eingenommen sind für den Menschen tödlich. Der Sadebaum wurde im Mittelalter als Abtreibungsmittel benutzt, dessen Verwendung viele Frauen mit dem Leben bezahlten.

Verwechslungsmöglichkeit
Mit Gewöhnlichem Wacholder S. 101.

Virginischer Wacholder

Juniperus virginiana

Zypressengewächse

> H 13–17 m > Apr.
> Baum oder Strauch > giftig

Merkmale Immergrüner Strauch oder Baum mit geradem Stamm und kegelförmiger Krone. Rinde graubraun, Borke fasert in langen, senkrechten Streifen ab. Jugendblätter nadelförmig und abstehend, Folgeblätter schuppenförmig und anliegend, ohne unangenehmen Geruch beim Zerreiben. Früchte anfangs grüne, später braunviolette Beerenzapfen, rundlich eiförmig, erbsengroß, deutlich gestielt, mit 1–2 glatten Samen.
Fundort Heimat Nordamerika. In Mitteleuropa vielfach als Zierbaum.
Wissenswertes Vom Virginischen Wacholder gibt es zahlreiche Kulturformen. Bekannt sind beispielsweise 'Pseudocupressus', die nur Jugendblätter trägt, oder auch 'Glauca', eine säulenförmige Sorte. Der Baum wird in der Giftpflanzenliste als sehr stark giftig eingestuft. Alle seine Teile enthalten ein ätherisches Öl, das in der Wirkung dem ätherischen Öl des Sadebaums vergleichbar ist.

Verwechslungsmöglichkeit
Mit Gewöhnlichem Wacholder S. 101.

Purgier-Kreuzdorn

Rhamnus cathartica

Kreuzdorngewächse

> H 3–5 m > Mai–Juni
> Strauch > giftig

Merkmale Zweige graubraun, feinrissig, stehen nahezu rechtwinklig ab. Blätter gegenständig, oval, zugespitzt, am Rand gesägt, Blattstiel 1–3 cm lang. Blüten gelbgrün, in büscheligen Blütenständen in den Achseln der Blätter. Schwarze, beerenartige Steinfrucht, erbsengroß. Fruchtreife September/Oktober.
Fundort Feldgehölze, Waldränder, Hecken. Im Norden selten, im Süden häufiger.
Wissenswertes In der Medizin des Mittelalters spielte der Strauch eine große Rolle. Sein damaliger Name „Purgierdorn", abgeleitet von „purgare" für „reinigen", weist schon auf seine Verwendung hin. Die schwarzen Früchte wurden damals als Abführmittel empfohlen. Davon muss heute dringend abgeraten werden, da die Früchte giftige Anthraglykoside enthalten, die Erbrechen und starken Durchfall verbunden mit kolikartigen Schmerzen verursachen.

Verwechslungsmöglichkeit
Mit Gewöhnlicher Traubenkirsche S. 99.

Roter Holunder

Sambucus racemosa

Moschuskrautgewächse

> H 1–4 m > März–Mai
> Strauch > giftig

Merkmale Mark der Zweige gelbbraun. Blätter gegenständig, unpaarig gefiedert, meist aus 5 Teilblättchen, diese lang oval, zugespitzt, am Rand gesägt. Grünlich weiße Blüten in eiförmigen Blütenständen am Ende der Äste. Kugelige rote Steinfrüchte mit meist 3 Steinkernen, in Trauben. Fruchtreife Juli/August.

Fundort Wälder, Waldränder, Kahlschläge. Eher im Bergland als in der Ebene.

Wissenswertes Die Früchte gelten als schwach giftig. Sie enthalten Stoffe, die Verdauungsstörungen auslösen, dürfen nur gekocht und auch dann nur nach Entfernen der Samenkerne gegessen werden. Aber so werden sie als bekömmlich beschrieben. Trotzdem sind diese Früchte in ihrer Verwendung mit denen des Schwarzen Holunders nicht vergleichbar. Viele Menschen vertragen sie erfahrungsgemäß auch nach Entfernen der Samenkerne nicht.

Verwechslungsmöglichkeit
Mit Schwarzem Holunder S. 100.

Blaue Heckenkirsche

Lonicera caerulea

Geißblattgewächse

> H 80–150 cm > Mai–Juni
> Strauch > ungenießbar

Merkmale Zweige hellbraun. Blätter gegenständig, schmal eiförmig, 2–6 cm lang und 1,5–3 cm breit, oben dunkelgrün, unten blaugrün. Gelbweiße Blüten, sitzen paarweise auf einem gemeinsamen kurzen Stiel in den Blattachseln. Schwarzblaue, bereifte Beerenfrüchte, fast kugelig, etwa 1 cm im Durchmesser, paarweise verwachsen.

Fundort Feuchte Bergwälder, Nadelwälder. In Deutschland in den Alpen, im Alpenvorland und im Bayerischen Wald anzutreffen. Auch als Zierstrauch bekannt.

Wissenswertes Laut einiger Aufzeichnungen werden die Beeren der Blauen Heckenkirsche in kleinen Mengen Fruchtmarmeladen beigemischt, in anderen werden sie als giftverdächtig eingestuft. Diese unterschiedlichen Aussagen haben wohl ihren Grund in der regionalen Schwankung der Inhaltsstoffe, beispielsweise der Saponine und Blausäure bildenden Glykoside.

Verwechslungsmöglichkeit
Mit Gewöhnlicher Schlehe S. 98.

Schwarze Krähenbeere

Empetrum nigrum

Heidekrautgewächse

> H 30–50 cm > Apr.–Juni
> Zwergstrauch > giftig

Merkmale Zweige graubraun, manchmal rötlich, kriechen über den Boden, bilden teppichartige Polster. Blätter wechselständig, immergrün, nadelförmig, am Rand nach unten umgerollt. Kleine blassrote, unscheinbare Blüten. Schwarze, glänzende, beerenartige Steinfrüchte, enthalten 6–9 einsamige Kerne. Fruchtreife im August.
Fundort Dünentälchen der Küsten, Moore und Heiden, Nadelwälder, feuchte Felsen der Mittelgebirge. Im Norden verbreitet, in den Mittelgebirgen zerstreut, sonst selten.
Wissenswertes Mit Ausnahme der Beeren, die nach Frosteinwirkung genießbar sind und in Nordeuropa roh und gekocht gegessen werden, ist die ganze Pflanze giftig. Die Blätter enthalten Andromedotoxin und Alkaloide in lokal stark schwankenden Konzentrationen. Ein Bienenhonig aus den Blüten der Krähenbeere kann Magenprobleme verursachen.

Verwechslungsmöglichkeit
Mit Blaubeere S. 105 denkbar.

Echter Seidelbast

Daphne mezereum

Seidelbastgewächse

> H 30–120 m > März–April
> Strauch > giftig

Merkmale Sommergrüner Strauch. Zweige gelbbraun, mit Korkwarzen. Blätter wechselständig, kurz gestielt, lanzettlich, ganzrandig. Blüten rosa, duftend, wachsen direkt an den holzigen Zweigen, erscheinen vor den Blättern. Rote, kugelige, erbsengroße Steinfrucht. Fruchtreife August bis September.
Fundort Bergwälder, Gebüsche, Felsschutt.
Wissenswertes Giftbäumli, Giftbeeri oder Kellerhals: Der Seidelbast hat viele Volksnamen. Und alle beziehen sich auf seine starke Giftwirkung. Alle Teile des Strauches sind giftig, vor allem aber Samen und Rinde. Sie enthalten hohe Konzentrationen an Mezerein und Daphnetoxin. Beide Stoffe wirken schon bei Berührung der frischen Zweige stark hautreizend. Eingenommen sind sie für viele Tiere und auch den Menschen tödlich. Trocknen der Pflanze verringert die Giftwirkung nicht.

Verwechslungsmöglichkeit
Mit Gewöhnlichem Sanddorn S. 104.

Bittersüßer Nachtschatten

Solanum dulcamara

Nachtschattengewächse

> H 30–200 cm > Juni–Aug.
> Klettergehölz > giftig

Merkmale Stängel im unteren Bereich holzig, rankt an anderen Pflanzen hoch. Blätter wechselständig, im Umriss länglich, an der Basis herzförmig, gestielt, ganzrandig. Blüten mit 5 blauvioletten, ausgebreiteten oder zurückgebogenen Blütenblättern und gelben Staubbeuteln, die zu einem Kegel verwachsen sind und aus den Blüten herausragen. Glänzend rote, länglich ovale Beerenfrüchte.
Fundort Waldränder, Hecken, Auwälder.
Wissenswertes Die Früchte des Bittersüßen Nachtschattens schmecken anfangs bitter, später süß. Sie enthalten ebenso wie Stängel und Blätter Saponine und Solanin. Die Konzentration dieser Giftstoffe ist in den grünen Beeren am höchsten, in Stängeln und Blättern niedriger und in den reifen Früchten am geringsten. Dennoch sind in der Literatur 10 unreife Früchte als tödliche Dosis angegeben.

Verwechslungsmöglichkeit
Mit Gewöhnlicher Berberitze S. 102.

Gewöhnlicher Efeu

Hedera helix

Araliengewächse

> H 1–20 m > Aug.–Okt.
> Klettergehölz > giftig

Merkmale Blätter je nach Alter der Pflanze unterschiedlich geformt: noch nicht blühreife Pflanzen haben 3–5-lappige Blätter, die Blätter blühreifer Pflanzen sind verkehrt eiförmig, ungeteilt, ganzrandig. Weiße Blüten in halbkugeligen Blütenständen an den Stängelenden, riechen unangenehm. Erbsengroße Beerenfrüchte in hängenden Trauben, zur Reifezeit schwarz gefärbt.
Fundort Laubmischwälder, vor allem Eichenmischwälder der küstennahen Waldgebiete. Braucht mildes, luftfeuchtes Klima.
Wissenswertes Bis zu 20 m kann ein Efeu in die Höhe klettern. Dabei hält er sich mit kleinen Haftwurzeln an anderen Pflanzen, Felsen oder Hausfassaden fest. Stängel, Blätter und Früchte der Pflanze enthalten Saponine, vor allem Hederin, und in geringen Mengen Alkaloide. Vergiftungen nach Genuss der bitteren Beeren, auch solche mit tödlichem Ausgang, sind bekannt.

Verwechslungsmöglichkeit
Mit Schwarzem Holunder S. 100.

Register

Giftnotrufzentralen

Deutschland

Berlin
Giftnotruf der Charité
Universitätsmedizin Berlin
Campus Benjamin Franklin, Haus VIII, UG
Hindenburgdamm 30
12203 Berlin
Tel.: 0 30/1 92 40

Berlin
Berliner Betrieb für
Zentrale Gesundheitliche Aufgaben (BBGes)
Institut für Toxikologie
Giftnotruf Berlin
Oranienburger Str. 285
13437 Berlin
Tel.: 0 30/30 68 66

Bonn
Informationszentrale gegen Vergiftungen
Zentrum für Kinderheilkunde
Universitätsklinikum Bonn
Venusberg-Campus 1
53117 Bonn
Tel.: 02 28/1 92 40

Erfurt
Giftnotruf Erfurt
Gemeinsames Giftinformationszentrum
der Länder Mecklenburg-Vorpommern,
Sachsen, Sachsen-Anhalt und Thüringen
c/o Helios Klinikum Erfurt
Nordhäuser Str. 74
99089 Erfurt
Tel.: 03 61/73 07 30

Freiburg
Vergiftungs-Informations-Zentrale
Zentrum für Kinder- und Jugendmedizin
Universitätsklinikum Freiburg
Breisacher Straße 86b
79110 Freiburg
Tel.: 07 61/1 92 40

Göttingen
Giftinformationszentrum-Nord der
Länder Bremen, Hamburg, Niedersachsen
und Schleswig-Holstein (GIZ-Nord)
Georg-August-Universität Göttingen
Zentrum Pharmakologie und Toxikologie
Robert-Koch-Str. 40
37075 Göttingen
Tel.: 05 51/1 92 40

Homburg/Saar
Das Giftinformationszentrum Homburg/Saar hat zum 31. März 2021 seinen Dienst beendet.
Ab 1. April 2021 ist das Giftinformationszentrum der Länder Rheinland-Pfalz und Hessen auch für das Saarland als Giftinformationszentrum zuständig.

Mainz
Giftinformationszentrale Mainz
Langenbeckstr. 1
55131 Mainz
Tel.: 0 61 31/1 92 40

München
Giftnotruf München
Toxikologische Abteilung
der II. Medizinischen Klinik rechts der Isar
Ismaninger Str. 22
81675 München
Tel.: 0 89/1 92 40

Nürnberg
Giftinformationszentrale Nürnberg
Med. Klinik 2
Klinikum Nürnberg
Prof.-Ernst-Nathan-Str. 1
90419 Nürnberg
Tel.: 09 11/3 98 24 51

Österreich

Wien
Vergiftungsinformationszentrale Wien
Stubenring 6
A-1010 Wien
Notruf: +43 140 643 43

Schweiz

Zürich
Schweizerisches Toxikologisches
Informationszentrum
Freiestr. 16
CH-8032 Zürich
Notruf: +41 442 515 151

Stand: 14.12. 2023

Über die Autorin

Dr. Eva Maria Dreyer ist Diplom-Biologin und arbeitet seit vielen Jahren freiberuflich als Fachautorin. Ihre Naturführer wurden in 11 Sprachen übersetzt. Seit langem beschäftigt sie sich auch intensiv mit den essbaren Wildpflanzen Europas. Bücher zu deren Bestimmung, Inhaltsstoffen und Verwendungsmöglichkeiten gehören zu ihrem Tätigkeitsschwerpunkt. Bei diesem Buch geht es ihr darum, schmackhafte Wildkräuter in der Küche zu verwenden, aber Verwechslungen mit giftigen oder ungenießbaren Arten auch für Laien sicher auszuschließen.

Zum Weiterlesen

Beiser, R.: Tee aus Kräutern und Früchten. Kosmos 2020
Beiser, R.: Heilpflanzen finden. Ulmer 2021
Beiser, R.: Unsere essbaren Wildpflanzen. Bestimmen, sammeln und zubereiten. Kosmos 2022
Couplan, Francois: Wildpflanzen für die Küche. AT 1997
Dreyer, Eva Maria und Wolfgang: Wildkräuter, Beeren und Pilze. Kosmos 2015
Dreyer, Eva Maria: Welche Beeren und Wildkräuter sind das? Kosmos 2019
Dreyer, Eva Maria: Kosmos Basic Früchte und Wildkräuter, Kosmos 2022
Dreyer, Eva Maria: Essbare Wildpflanzen Europas. Nikol 2020
Haeupler, H. und Muer, T.: Bildatlas der Farn- und Blütenpflanzen Deutschlands. Ulmer 2007
Roth, L., Daunderer M. und Kormann K.: Giftpflanzen - Pflanzengifte, Nikol 2012
Spohn, M. u. a.: Was blüht den da, Kosmos 2021
Strehlow, W.: Das Hildegard-von-Bingen-Kochbuch. Heyne 2008
Stumpf, U.: Unsere Heilkräuter. Bestimmen und anwenden. Kosmos 2021
Stumpf, U.: Heilpflanzen und ihre giftigen Doppelgänger. Kosmos 2023

Internetquellen

www.heilkraeuter.net
www. Giftpflanzen.com
www.botanikus.de/Botanik3/Ordnung/ordnung.html
www.floraweb.de

Umschlaggestaltung von Walter Typografie & Grafik, Würzburg, unter Verwendung von folgenden Motiven: Oben Gänse-Fingerkraut *Potentilla anserina* (leonikonst/Adobe Stock) und unten Kriechender Hahnenfuß *Ranunculus repens* (MarinoDenisenko/Adobe Stock).

Mit 273 Farbfotos von M. Albers 51 o., 108 r., H. Bellmann/F. Hecker 77 r., W. Dreyer 2/3, 9, 10 o., 11, 65, 103, M. Hassler 126 r., R. König 13 u., 70 u., 119 l., K. Lada/Shutterstock 108 r., H. E. Laux 1 l. u., 14 o., 17 alle, 29 o., 31, 33, 44 u., 48 o. r., 48 u., 49 alle, 50 u., 52 o., 53 u., 54, 57 o., 60, 62 o., 68 u., 70 o., 71 o., 72 u., 74 u., 78 u., 79 o., 82 o., 84 o., 87 o., 89 u., 98 u., 101 u., 108 l., 111 r., 118 r., 124 l., 129 r., 130 l., 135 l., 138 r., 139 r., L. Lucienne/Shutterstock 51 kl., F. Sauer/F. Hecker S. 16 u., 22 u., 23 u., 29 u., 30 u., 46 u., 47 u., 52 u., 55 u., 62 o., 68 o., 79 u., 80 u., 83 u., 91 u., 109 r., 110 l., 113 r., 114 r., 116 alle, 120 l., 122 l., 123 r., 125 l., 129 l., 130 r., 131 r., S. Pavan/Shutterstock 119 l., P. Schönfelder 50 o., 51 u.,
R. Spohn S. 8 l., 20 alle, 26 u., 30 o., 35 o. r., 39 o., 40 o., 45 o. r., 58 beide o., 59 u., 62 u., 63 u., 64 u., 75, 84 u., 85 u., 90 o., 92 o., 99 o., 102 o., 112 l., 114 l., 125 r., 126 l., 132 r., 141 r., K. Wagner 82 u., 132 l., Wikimedia commons 120 l., alle anderen von F. Hecker.
33 Illustrationen und zwei Symbolen von Wolfgang Lang. Sowie einer Illustration von Marianne Golte-Bechtle (Schema einer Blütenpflanze).

Gedruckt auf chlorfrei gebleichtem Papier

Pfizerstraße 5–7, 70184 Stuttgart
kosmos.de/servicecenter

ISBN 978-3-440-17676-4
Lektorat und Redaktion: Heiko Fischer
Produktion: Markus Schärtlein
Satz: typopoint GbR, Ostfildern
Druck und Bindung: Friedrich Pustet GmbH & Co. KG, Regensburg
Printed in Germany / Imprimé en Allemagne

FSC www.fsc.org MIX Papier | Fördert gute Waldnutzung FSC® C014889

Mehr entdecken, mehr verstehen

DAS KOSMOS VERSPRECHEN

Expertenwissen seit 1822

Welches Thema dich auch begeistert – auf unsere Expertise kannst du dich verlassen. Und das schon seit über 200 Jahren.

Unser Anspruch ist es, dich mit wertvollem Rat zu begleiten, dich zu inspirieren und deinen Horizont zu erweitern.

BEGEISTERUNG DURCH KOMPETENZ

Unsere Autorinnen und Autoren vereinen professionelles Know-how mit großer Leidenschaft für ihre Themen.

WISSEN, DAS DICH WEITERBRINGT

Leicht verständlich, lebensnah und informativ für dich auf den Punkt gebracht.

SACHVERSTAND, DEN MAN SEHEN KANN

Mit aussagestarken Fotos, Zeichnungen und Grafiken werden Inhalte besonders anschaulich aufbereitet.

QUALITÄT FÜR HEUTE UND MORGEN

Dafür sorgen langlebige Verarbeitung und ressourcenschonende Produktion.

Du hast noch Fragen oder Anregungen?
Dann schreibe uns: kosmos.de/servicecenter

Wildkräuter in der Küche

Suppen, Salate und Gemüsegerichte

Das Blattgrün vieler Pflanzen schmeckt ausgezeichnet in einer Suppe oder im Salat, ihre Wurzeln ergeben ein kräftiges Gemüse und manche Blütenknospen lassen sich wie Kapern eingelegt als ungewöhnliche Antipasti verwenden. Auch die farbenfrohen Blüten sind nicht nur schöne Dekoration, sondern essbare Schmankerl. Aus den Samen lassen sich vitaminreiche Sprossen für abwechslungsreiche Gemüsepfannen gewinnen.

Brunnenkresse-Salat

200 g Brunnenkresse und 100 g Feldsalat waschen und grob zupfen. Einen Apfel würfeln, eine Möhre raspeln und beides mit etwas Zitronensaft beträufeln. Alle Zutaten in einer Schüssel mischen. Für die Marinade Aceto Balsamico, Olivenöl, Kräutersalz, süßen Senf und Sahne vermengen und darüber geben. Mit gehackten Walnusskernen bestreuen.

Brennnessel-Risotto

Eine Zwiebel fein würfeln und in heißem Olivenöl glasig dünsten. 200 g Risotto-Reis dazugeben und kurz mitdünsten. Mit Weißwein ablöschen, quellen lassen. Mehrmals heiße Gemüsebrühe angießen und einköcheln lassen. Nun 200 g Brennnesseln hacken, ebenfalls in Olivenöl andünsten und zusammenfallen lassen. Brennnesseln und geriebenen Parmesan in das fertige Risotto einrühren. Mit Salz, Pfeffer und Muskatnuss abschmecken.